灿烂星空

ときめく星空図鑑

[日] 永田美绘 ——解说
　　 广濑匠

刘子璨 ————译

北京时代华文书局

欢迎翻开《灿烂星空》

落日低垂，暮色渐深，周遭景色也随之一变。每天都会到来的日落时分，是我在一天之中最喜爱的时刻。

小时候，我最爱在家附近的高台上看日落西山，看靛蓝夜空中升起的第一颗星星。当时我能分辨出的不过只有北斗七星和猎户座，但仰望星空的一夜又一夜，让我记住了星星的名字、识得了星座的模样，这使我不禁感到愈加欣喜。

星座会随季节变换而变化，刚记住名字没多久的星座、星星很快就会消失，但它们总会在来年如期而至，那时我们便能够再度相见。因此，我总是非常期待下一个美好季节的到来。而我在这日复一日的观察中也越发沉迷于这片灿烂的星空世界。

自古流传的八十八星座如今仍高悬于天球之上。星座有着属于自己的故事，或是源于希腊神话或是源于其他传说。抬头仰望那些星座，那里遍布色彩斑斓、五光十色的恒星、星云、星团、星系……月圆月缺、金星高悬、土星当空等，都各有其魅力。

希望有更多的朋友能够了解星座，能够更加熟悉这片星空……怀着这份愿景，我动笔编撰了本书。在地球上举头可见的星空，连接着更加广袤遥远的宇宙，而我们人类则乘着地球这一叶扁舟巡游于宇宙之间。

大家不妨每天都抬头去望一望星空，去探寻繁星联结而成的星座，去畅想那无垠的宇宙。我相信宇宙的浩瀚定能扣动你心弦，令你的内心无比充实。

永田美绘

21 世纪最后一次金星凌日之日

猎户座　摄影／［日］饭岛裕

目 录
CONTENTS

PART ❸ 星空的观察

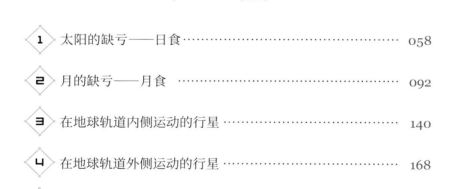

星空的记忆

人们将星星的排列看作是神明或是常见动物，这就
形成了星座。这是人与宇宙对话的开端。就让我们
来看一看由古至今的天文学发展历史吧。

天文学与星座的诞生

天文学有着悠久的历史，被称作"人类最古老的学科"。世界上的人类古文明，在发展过程中都借助过星空的力量。

文明之所以需要天文学，主要原因在于"农业"与"统治者权威"这两点。

通过精确观测天体运动编写历法，能够帮助人们掌握开展播种、收获等农业劳动的时间，使满足庞大人口需要的粮食生产成为可能。

与此同时，随着社会结构日渐复杂而诞生的统治阶级，也在积极推动历法的研究与编纂活动。从中能够明确感受到，统治者们希望在掌控上天的意图（也就是宇宙法则）的同时，也要将时间纳入自己的支配范围，进一步巩固自身的权威地位。

古代人的宇宙观也是由展现统治者伟大、权力的神话构成的。在中国，连星座也应和着以皇帝为中心的社会结构，将北天极封为中心。古代美索不达米亚人将行星与神对应起来，在行星的轨道上确定了十二个星座。实际上，后来被称作"希腊星座"的黄道十二星座的原型，就是在这一时期确立起来的。

❶五帝内座、天皇大帝、勾陈、四辅都为我国古星名，属紫微垣。

孕育了天文学的五大文明

巴比伦 60 进制的起源

在古巴比伦，自公元前1500年前后起，用于商业领域的数学开始得到发展，并在之后应用于天文学计算领域。那时人们所使用的 60 进制至今仍在角度、时间单位上得到了保留。

埃及 天狼星与洪水

尼罗河每年会在固定的时期泛滥，将上游肥沃的土壤搬运至下游农田。尼罗河泛滥时，天狼星也会在清晨早于太阳升起。

印度 用于祭祀的天文学

印度文化中的天文学由于没有史料留存而仍蒙着神秘面纱，但在公元前600年前后，印度进入婆罗门教时代之后，人们开始为了能够在吉时举行祭祀仪式而进行天文观测。

中国 甲骨文与历法

在中国古代的殷商时期，人们为了占卜记事而在龟甲或兽骨上契刻文字（甲骨文）。在甲骨文中，反复出现了旬（十天）或是十干十二支等广为人知的时间单位。

玛雅 金星历法

玛雅文明与四大古代文明相比较为年轻，但玛雅人的天文学研究十分发达先进。他们使用基于金星运动制定的历法、20进制，在天文学研究上有着与四大古文明大相径庭的元素。

记忆 2

希腊的星座与宇宙观

公元前 6 世纪起，希腊的天文学研究便已十分繁荣。每个星座各有属于自己的浪漫神话，但人们的宇宙观却向着愈加去神话化的方向不断发展。

提到古希腊，我们总会想到闻名遐迩的"希腊星座"，但希腊星座的原型几乎全部来自于美索不达米亚。美索不达米亚的星座与希腊神话结合后，逐渐演变为如今我们所熟知的模样。活跃于公元 2 世纪的埃及天文学家托勒密（90—168）著有《天文学大成》一书，其中记载有四十八个星座，这些星座基本全都为现代星座所继承。

《天文学大成》因集希腊数学、天文学研究之大成而知名。希腊的哲学家们对宇宙的形态、天体的运动进行了彻底的研究，排除了神话与天文学有关的可能，并尝试通过数学方法对宇宙进行与星座传说截然不同的解释——这正是地球位于宇宙中心的"地心说"。地心说甚至能够对复杂的行星运动进行说明。

《天文学大成》所确立的宇宙观，一直毫不动摇地统治到了 17 世纪。

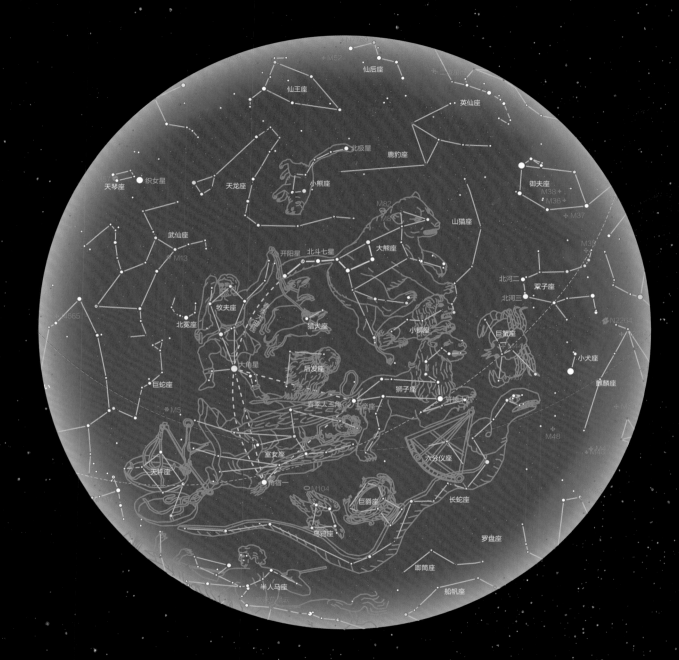

北半球春季星空

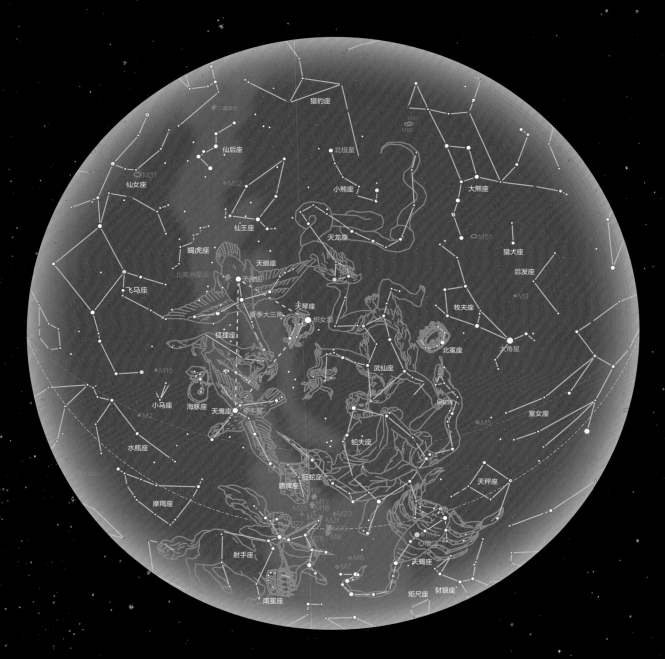

北半球夏季星空

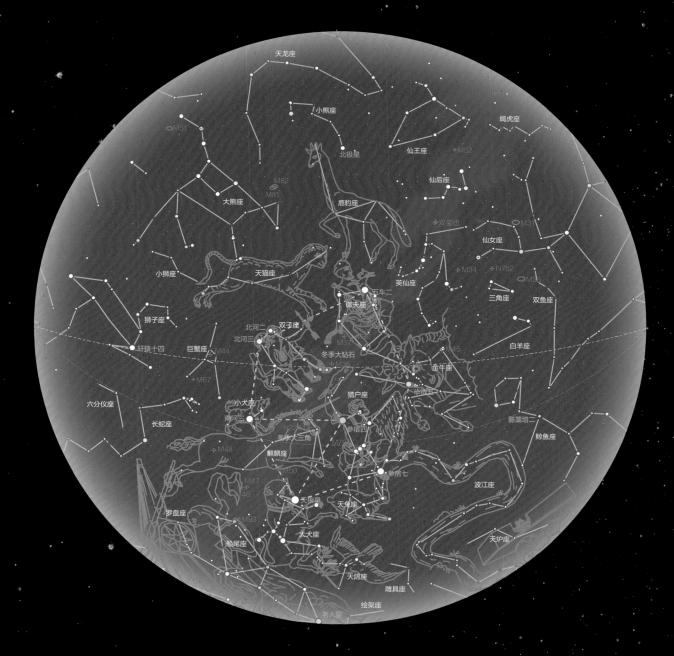

北半球冬季星空

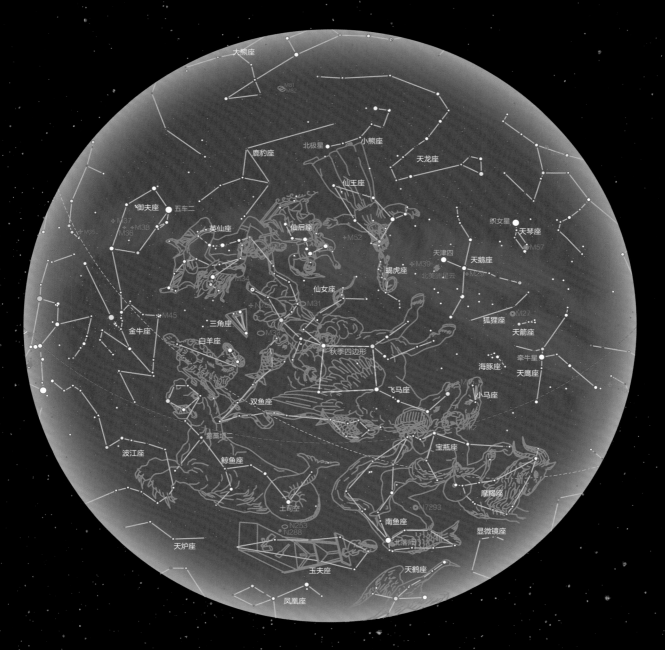

北半球秋季星空

希腊天文学的五个小故事

古希腊人已经知道地球是圆的

在公元前 5 世纪时，大多数哲学家就已经知道地球并非是平的。证据就是：离港远航的船帆会慢慢"沉入"海平面；月食时地球的影子总是圆的。

"日心说"的前身

古希腊的亚里士多德（前 384—前 322）发现了太阳比地球更大。他比 16 世纪的哥白尼早两千年提出了以太阳为中心的宇宙观。

亚历山大大帝与天文学

亚里士多德是亚历山大大帝幼时的家庭教师。亚历山大大帝远征各国，促进了各地的文化交流，客观上推动了天文学的发展。

古老的遗产焕发新生

埃及城市亚历山大命名自亚历山大大帝，市内有一座古老的图书馆。也多亏在此，托勒密才能够获得公元前 721 年之后的天文观测记录。

希腊神话与罗马众神

罗马众神之名被冠于各大行星，而他们的性格则继承自希腊神话中的诸神。例如，主神朱庇特被认为就是宙斯，爱神维纳斯则被看作是阿芙洛狄特。

天文学的东西方交流

　　从古希腊到罗马帝国，再到中世纪，时移世易，西方的天文学研究几乎停滞。与此同时，天文学相关知识传播到了欧洲以外的地区，并发展出了新的样貌。

　　伊斯兰教诞生于 7 世纪的阿拉伯半岛，并迅速从伊比利亚半岛传播至中亚，形成了庞大的伊斯兰文化圈。伊斯兰文化圈的人们非常重视古希腊文明流传下来的各个学科，尤其是其中的天文学，它与有着需要在固定时刻向麦加礼拜、在特定时期进行斋戒的教义的伊斯兰教十分契合，其研究也广为盛行。《天文学大成》尤为受重视，托勒密四十八星座几乎得到了原样保留。而天体的名字如今也有许多脱胎于阿拉伯语名，如织女星（Vega）、牵牛星（Altair）、毕宿五（Aldebaran）等。

　　古希腊的天文学还传播到了更东的印度，并在那里与包含"0"这一概念的 10 进制数字、三角学、方程式解法等高级数学融合，并再输出到伊斯兰文化圈，对天文学的精确化做出了贡献。

传播天文知识的五大功臣

提出地球自转的阿耶波多

印度的阿耶波多在 5 世纪末提出"地球以北极和南极为轴进行自转"。他的观点在当时看来非常离经叛道,但如今他在印度却是家喻户晓、极具人气的人物。

空海带回日本的密教占星术

含有黄道十二宫等希腊元素的印度占星术作为密教文化的一部分传播到了唐朝，又由日本佛教大师空海带回了日本。这种占星术在日本被称作宿曜道，在平安❶后期十分流行。

学习异国文化的比鲁尼

10 世纪的学者比鲁尼是侵略印度的伊斯兰国王的手下，他为了学习印度文化甚至还学习了当地的语言，留下了许多关于历法、宇宙观的重要记载。

阿尔·花剌子模与算术

伊朗人阿尔·花剌子模学习了印度的数学与天文学，著有一书专门讲述逐步解开算式的方法（《算术》）。他的名字就是"算术"一词的语源。

皇位上的天文学家兀鲁伯

兀鲁伯生于帖木儿帝国的皇室，在太子时期便致力于政治与学术研究，还曾担任天文台台长，亲自管理多达 60 位天文学家，并留下了精度极高的观测记录。

❶日本古代的一个历史时期，为 794 年至 1192 年。

天 文 学 的 大 革 命

地球并非位于宇宙中心

伊斯兰教文化圈孕育出的希腊天文学，在 12 世纪时再度输入回欧洲。在文艺复兴时期，出现了一批试图超越传统天文学的天文学家。

自 2 世纪的天文学著作《天文学大成》成书以来，"地球是宇宙的中心""所有天体都在透明的'天球'上运转"等知识已然成为常识。1543 年，波兰天文学家哥白尼的著作《天体运行论》出版了。哥白尼在书中提出与《天文学大成》针锋相对的"日心说"。长期进行精密天体观测的丹麦天文学家第谷·布拉赫也接连发现了数个能够否定天球存在的天文现象。第谷·布拉赫的助手、继承了其观测数据的德国天文学家开普勒发现，包括地球在内的所有行星都在椭圆轨道上进行绕日运动。意大利的伽利略借助望远镜确定地球绕太阳运动的"日心说"是正确的。但他因此与坚信旧学说的学者产生了冲突，最终不得不服从宗教裁判撤回自己的主张。"日心说"得到广泛认同已经是伽利略去世以后的事情了。

天文学变革期发生的五大事件

第谷・布拉赫突然去世
第谷・布拉赫于 1601 年因急病去世。近年，有人发表观点认为他死于觊觎观测数据的开普勒的毒杀，引起了广泛关注。

被烧死的异端人士
乔尔丹诺・布鲁诺也是一位因宣传"日心说"等"异端"世界观而遭教会逮捕的人物。可惜的是，他最终获火刑被烧死。

"日心说只不过是假说"
《天体运行论》的编辑无视了哥白尼的意愿，在书的序言中暗示正文内容均非事实。当然，这是出于对教会的恐惧。

人气不灭的占星术
虽然天文学领域掀起了一场革命，但社会上对于占星术的评价并没有立刻发生改变。甚至一些像开普勒这样的天文学家自己也会沉迷于占星术。

350 年后恢复名誉
罗马教廷（教皇约翰・保罗二世）直到 1992 年才向被宗教裁判所定罪的伽利略道歉。这时，距离伽利略逝世已经过去了 350 年。

望远镜登上历史舞台

我们可以毫不夸张地说，自 1609 年伽利略制作天文望远镜以来，人类了解星空的方式发生了天翻地覆的变化。近代天文学终于拉开了帷幕。

1608 年，望远镜在荷兰被发明出来。伽利略听说后，依据当时的传闻自己制作了折射式望远镜，并于 1609 年开始正式持续进行天体观测。他对月球环形山、木星卫星、金星圆缺及大小变化的观测和发现，最终成了支持日心说的证据。

同时，也有许多天文学家使用 17 世纪后半叶发明的反射式望远镜，其中最有名的便是英国的威廉·赫歇尔。他不仅在 1781 年发现了天王星，还第一个提出太阳系属于另一个巨大的天体集团——银河系。

折射式望远镜和反射式望远镜在不断克服自身缺点的过程中体型愈加庞大，最终，反射式望远镜因自身在口径超过 1 米时具备更低廉的成本和更高的精度而在竞争中获胜。我们目前能够见到的现代大型望远镜全部都是反射式望远镜。

望远镜发展的五个阶段

望远镜是谁发明的

 荷兰的眼镜工匠李波尔赛申请了专利，但有许多人声称自己早于李波尔赛发明了望远镜，因此李波尔赛的发明者身份并未获得承认。直到今天，望远镜的真正发明者依旧无法确定。

大型望远镜很费力气

威廉·赫歇尔同时也是一位望远镜制作家，他制作的最大的望远镜口径达到了1.2米。但这架望远镜很难调整，使用次数非常少。据说，他曾经埋头打磨镜片，一整天都没有进食。

折射式望远镜东山再起

19世纪前半叶，德国的弗劳恩霍夫改良了镜片的制作方法，并制作了折射式望远镜。折射式望远镜也因此再度占优。发现海王星的望远镜便是弗劳恩霍夫的作品。

望远镜来到日本

据记载，1613年，在望远镜发明后短短5年，英国使节便向德川家康献上了一台望远镜。到了江户时代❶中期，日本也出现了真正的望远镜工匠。

把望远镜当作墓地？

在19世纪末的美国，实业家们纷纷出资建设大型望远镜，其中之一就是詹姆斯·利克。他最终被葬在根据其遗嘱建设的口径91米的折射式望远镜之下。

❶日本古代的一个历史时期，为1603年至1868年。

可以预言的宇宙

与恒星不同，行星的运转仿佛就像是在天球上迷了路一般。古人们为此感到百般不解。到了近代，天文学终于发展到了足以完美预言行星运动的程度。

英国的牛顿发现了行星运动能够通过与地球上的物体运动相同的法则进行说明，并推动物理学向前迈进了一大步。有一个说法称牛顿通过"看到苹果落地"发现了这一法则，但故事的真伪无法确认。

通过牛顿的法则来计算行星运动的方法被称作天体力学，在 18 世纪到 19 世纪获得了极大的发展。由此，人们不仅能够预测出行星的运动，甚至能够计算出行星间的引力，从而预测出未知行星的存在。

英国的亚当斯与法国的勒威耶分别独立对天王星的运动进行了计算，从而预测出了天王星外侧可能存在的行星的大小与位置。德国人伽勒受到勒威耶的委托于晚间进行观测，并很快就发现了一颗新的行星。1846 年，海王星被发现了。

$$F = G\frac{Mm}{r^2}$$

被预言的五个天体

哈雷彗星的 76 年周期

牛顿的朋友爱德蒙多·哈雷通过过去的彗星观测记录计算出了彗星的轨道，发现彗星每 76 年接近地球一次。这颗彗星就是至今仍大名鼎鼎的哈雷彗星。

小行星谷神星再度被发现

1801 年元旦,谷神星曾作为小行星 1 号被发现,但其后人们却将它看丢了。数学家高斯通过轨道计算,为谷神星于同年 12 月 31 日再度被发现做出了贡献。

伽利略曾经观测过的海王星

在 1846 年以前,人们便曾经留下过数次海王星的观测记录,但没有人将其记录为行星。伽利略也曾在 1612 年到 1613 年之间偶然观测过海王星,并留下了素描记录。

幻想行星祝融星

预言了海王星的勒威耶,因为水星的运动与牛顿力学的计算不符,认为在水星内侧存在一颗名为祝融星的行星,并试图寻找,最终失败了❶。

毅力获胜? 冥王星

美国的汤博预想在海王星外侧还有一颗行星,最终于 1930 年在大量照片中超过百万颗的天体中发现了冥王星。

❶爱因斯坦的广义相对论已排除了祝融星存在的可能性。

日 本 先 人 们 曾 热 爱 过 的 繁 星

日本人与星空

直到近代，日本的成体系的天文知识都是从中国、朝鲜引进的。而日本的歌人❶们则凭借自己的审美来观察星空。

6世纪，历法的知识随着佛教一道自百济❷传到日本。这种历法是中国采用的阴阳历。自那以来，日本也配合中国进行了数次改历，但自823年起直到江户时代，日本使用的都是同一套历法。但之后历法出现了与真实季节产生两日误差等问题，到了1684年，涉川春海终于制定出了日本第一部历法"贞享历"。

话虽如此，但日本人对星空并非漠不关心。在平安时代便有着主要以占卜为目的而进行天体观测的"天文博士"，那位大名鼎鼎的安倍晴明也是其中一人。天文博士们记录下来的天文现象之中，也有着于现代天文学有益的信息。就像清少纳言在《枕草子》一书中"星是昴星"所言一般，单纯享受星空美景的人也不在少数。夜空中最受喜爱的便是月亮，有不少和歌、俳句便是专为歌颂月亮而作。例如作为遣唐使远赴中国最终未能归国的阿倍仲麻吕❸便有望乡诗云："仰首望长天，神驰奈良边。三笠山顶上，想又皎月圆。"

❶日本的传统诗歌被称为"和歌"，创作和歌的人则被称为"歌人"。
❷扶余人于公元前3世纪在朝鲜半岛西南部（现在的韩国）建立的国家。
❸入唐后改名晁衡，与王维、李白等人皆为好友。

星空的世界

夜空中仿佛近在咫尺的月亮、四季各不相同的星座、太阳系的
行星……本章将会向大家介绍笔者最推荐的星空看点，以及散
发着宇宙神秘感的各大天体。

如何阅读本章

下文将为大家简单介绍本章"星空的世界"的结构及阅读方法，以及一些观察星空时需要了解的基础名词，在阅读时请以此为参考。从今夜起，你一定会爱上观察星空的。

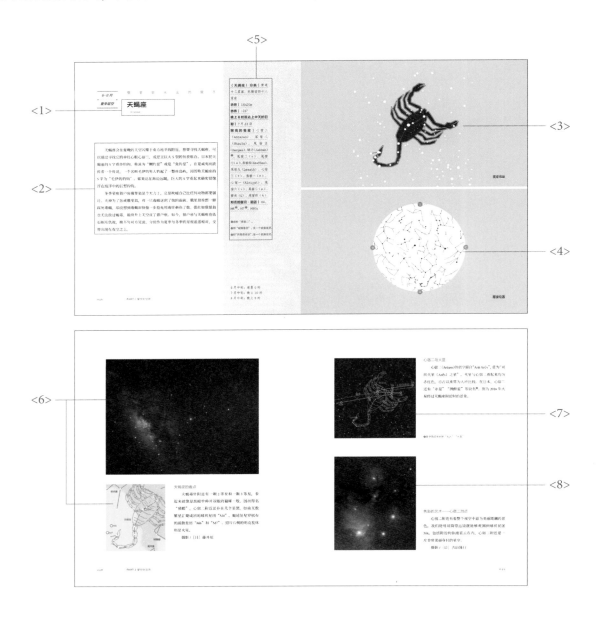

图例说明

<1> 名称　　　　　　　　　　学名或俗称，最下一行为英语名称。

<2> 故事　　　　　　　　　　介绍寻找星座或天体的方法，它们的神话传说、名字的由来、趣话等。

<3> 星座或天体的形态　　　　星座形状或天体的照片。

<4> 星座或天体的位置　　　　星座最容易被观察到的日期、时间及其在星图中的位置。 第 167 页
　　　　　　　　　　　　　　以前观察地为东京，第 172 页以后为澳大利亚的悉尼。

　　　　　　　　　　　　　　※ 天体位置则为其在星座或太阳系内的位置。

<5> 数据　　　　　　　　　　关于星座的数据如下：

　　　　　　　　　　　　　　分类：根据星座起源进行分类。

　　　　　　　　　　　　　　赤经：赤道坐标系上星座中心的经度坐标。

　　　　　　　　　　　　　　赤纬：赤道坐标系上星座中心的纬度坐标。

　　　　　　　　　　　　　　晚上 8 时抵达上中天的日期：星座的中心在晚上 8 时的东京抵达上中
　　　　　　　　　　　　　　天（正南）的日期。星座在这一日期相应地会比较容易观察。南天星
　　　　　　　　　　　　　　座在这一日期则会落入地平线以下，实际上可能无法观测到。

　　　　　　　　　　　　　　明亮的恒星：亮度在 3.5 等以上的明亮恒星。

　　　　　　　　　　　　　　知名的星云・星团：位于该星座的知名星云或星团。

　　　　　　　　　　　　　　※ 天体则会介绍各种相关数据。

<6> 看点　　　　　　　　　　星座的看点将通过照片、星图介绍；
　　　　　　　　　　　　　　本章提及的内容在星图上则会以粉色文字显示；
　　　　　　　　　　　　　　天体的看点将通过照片、位置示意图介绍。

<7> 话题　　　　　　　　　　通过照片或图片介绍星座或天体的特征。

<8> 知名的星团·星云·星系

通过照片介绍位于该星座的星团、星云。

星团、星云分为以下几类：

疏散星团：年轻恒星形成的天体，内部恒星会向外扩散移动。

球状星团：由无数繁星汇集成球状形成的星团，由星系诞生之初就存在的老年恒星形成。

暗星云：由尘埃或气体形成的星云，自身不发光而能够遮蔽其他天体发出的光，因而在星空中看上去就像是缺了一块一样。

弥漫星云：由尘埃或气体形成的星云，受邻近恒星影响而看起来仿佛在发光❶。

行星状星云：由质量小于太阳八倍的恒星在其演化的末期，其核心的氢燃料耗尽后，不断向外抛射的物质构成。

超新星残骸：质量大于太阳八倍的恒星经过超新星爆炸后形成的发光天体。

星系：由数千亿恒星形成的天体，其形态有着众多种类。

❶此种星云实际为弥漫星云中的反射星云，弥漫星云中还有一种发射星云，其发出的紫外线辐射使云中的气体发生电离，星云也因此能够发出可见光。

阅读本章时所必备的基础知识

恒星、行星、卫星

恒星是能够自己发光的天体。在星空中闪耀的天体几乎都是恒星，太阳也是其中之一。行星则是围绕恒星运动的天体。围绕太阳进行运动的水星、金星、地球、火星、木星、土星、天王星、海王星都是行星。而卫星则绕行星运动。月亮就是地球的卫星。上述行星中除水星、金星外均有卫星。木星和土星的卫星数量甚至超过了 60 颗。当然，行星和卫星都无法发光，只有经过太阳光照射，我们才能看到它们的身影。

天体的亮度

天体的亮度分为不同等级。人们规定肉眼可见的天体的亮度分为 1 等到 6 等，且 1 等星的亮度是 6 等星的 100 倍。100 约等于 2.5 的五次方，因此每相差 1 等，亮度差则约为 2.5 倍。

变星

大多数恒星的亮度都是一定的，但有一些恒星的亮度则会产生变化，被称为"变星"。根据亮度变化的原因不同，变星可分为脉动变星、食变星等类型。

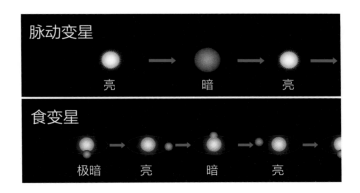

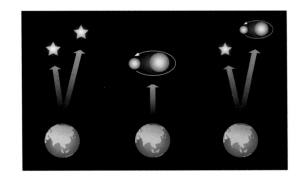

双星与联星

有些天体用肉眼观察时看起来只是一颗恒星，而在使用双筒望远镜或望远镜观察时则能够观测到复数颗恒星，这被称作"聚星"。根据恒星数量不同，可分为双星❶、三合星、四合星等。聚星中围绕彼此相互公转的被称作"联星"。

❶此处为作者原文。需要说明的是，日语中的"聚星"泛指两个或两个以上的恒星组成的恒星系统，但中文的"聚星"只指代三颗到六颗或七颗恒星在引力作用下聚集在一起组成的恒星系统。

夏 日 夜 空 中 的 路 标

夏季大三角

| Summer Triangle |

〈夏季大三角〉分类｜星空标志

构成恒星｜天津四（天鹅座）、织女星（天琴座）、牵牛星（天鹰座）

夏日傍晚乘凉时，不妨走到室外远眺繁星。在 7 月中旬 20 时左右的东方夜空中，在 9 月中旬 20 时的天顶附近，有 3 颗明亮的星星闪耀着。其中最为明亮的是天琴座的织女星，其次便是天鹰座的牵牛星。天鹅座的天津四与它们相连，就构成了一个三角形，被称为"夏季大三角"。即便身处繁华城市，我们也能够在夜空中寻找到夏季大三角的身影。找到夏季大三角，可以说是寻找夏季星座的第一步。

在夏季的夜空中，伫立着两位威武雄壮的男子。他们是"武仙座"与"蛇夫座"。"武仙座"乃是经历了波澜壮阔的一生、希腊神话中最伟大的英雄❶。"蛇夫座"则是妙手回春的名医阿斯克勒庇俄斯。阿斯克勒庇俄斯手持之蛇则是名为"巨蛇座"的另一个星座。半人半马的"人马座"张弓搭箭，瞄准着"天蝎座"。在天鹰座身旁闪耀着的则是海豚座。

❶即宙斯与阿尔克墨涅之子赫拉克勒斯。完成了被称为"赫拉克勒斯十二功绩"的十二项任务、解救了普罗米修斯，死后升入奥林匹斯山成为大力神。他的名字如今已成为"大力士"的代名词。又译海格力斯。

7 月中旬：凌晨 0 时
8 月中旬：晚上 10 时
9 月中旬：晚上 8 时

星座形状

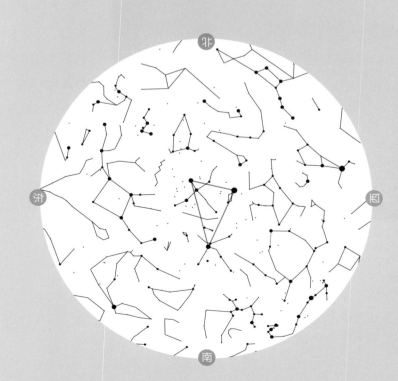

星座位置

天津四

织女星

牵牛星

夏季大三角与银河

　　夏季大三角是由三个恒星横跨银河构成的巨大三角形。虽然名为"夏季大三角"，但我们要到了 9 月份才能在夜空中的天顶位置看到它。夏季大三角在盛夏时节会出现在东方的天空中，直到 12 月左右，它仍会在傍晚时分的西方天空中清晰可见。

　　摄影／［日］藤井旭

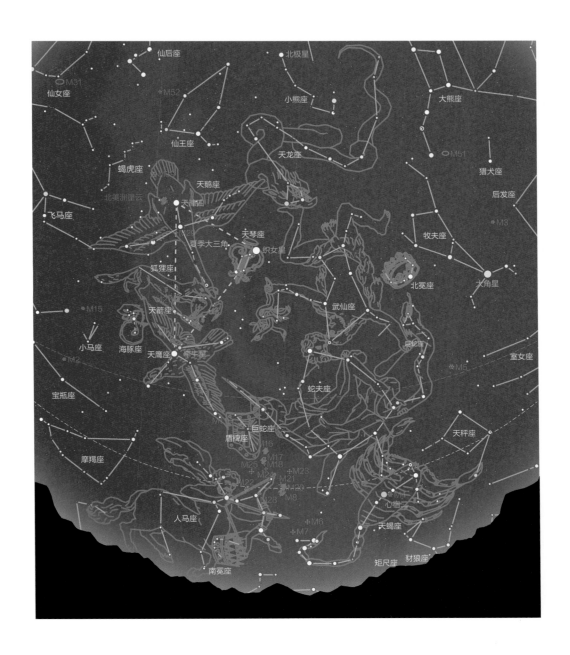

6 月中旬：凌晨 0 时
7 月中旬：晚上 10 时
8 月中旬：晚上 8 时
9 月中旬：晚上 6 时

6—8月

夏季星空

闪 耀 的 夜 空 情 侣

天鹰座·天琴座

| Aquila·Lyra |

　　"夏季大三角"横跨银河系，银河系两岸闪耀着明亮的繁星。银河系西岸有一颗明星——天琴座的织女星，也就是七夕传说中的织女。天琴座原是希腊神话中竖琴名家俄耳甫斯之物。银河东岸有一颗 0.8 等星——天鹰座的牵牛星（河鼓二），也就是牛郎。天鹰座是将特洛伊王子伽倪墨得斯❶（宝瓶座）带上天空的天神宙斯之化身。

　　天鹰座近旁的银河系中，有一些地方看起来黑得仿佛是洞穴一般。这些洞穴被称作"暗星云"，是星云的一种。虽然看起来黑暗，但它们却没有什么危害。暗星云中聚集着以氢元素为主的气体、尘埃，不会发光，光也因为无法通过暗星云而被遮蔽住，因此暗星云看起来很黑。银河系里有许多暗星云。其实，这些气体和尘埃能够形成新的恒星，可以说暗星云是恒星诞生的地方。

❶又译加尼米德或加尼墨德。

〈天鹰座〉分类 | 托勒密四十八星座

赤经 | 19h30m

赤纬 | +02°

晚上 8 时抵达上中天的日期 |

9 月 10 日

明亮的恒星 | 牵牛星（Altair）、河鼓三（Tarazed））、天津四（Deneb）、天桴一（θ）、右旗三（δ）、天弁七（λ）

知名的星云·星团 | 无

7 月中旬：凌晨 0 时
8 月中旬：晚上 10 时
9 月中旬：晚上 8 时

- - - - - - - - - - -

〈天琴座〉分类 | 托勒密四十八星座

赤经 | 18h45m

赤纬 | +36°

晚上 8 时抵达上中天的日期 |

8 月 29 日

明亮的恒星 | 织女星（Vega）、渐台三（Sulafat）、渐台二（Sheliak）

知名的星云·星团 | M56、M57（指环星云）

6 月中旬：凌晨 0 时
7 月中旬：晚上 10 时
8 月中旬：晚上 8 时

天鷹座形狀

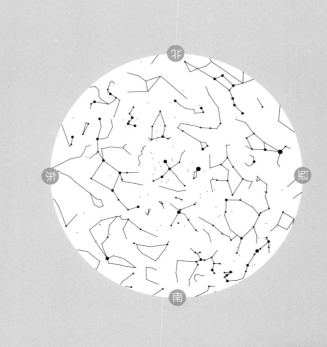

天鷹座位置

天琴座形狀

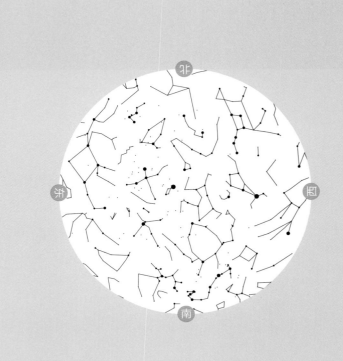

天琴座位置

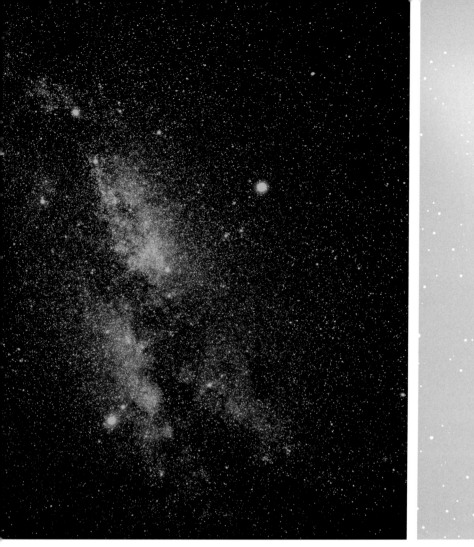

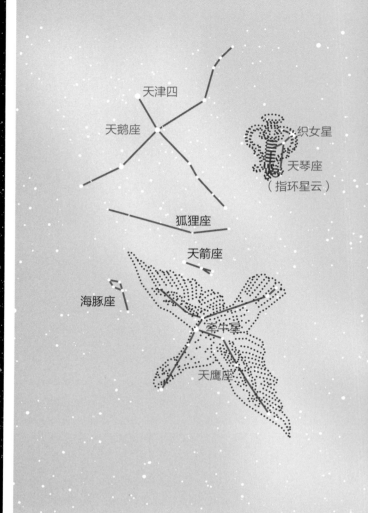

天津四

天鹅座

织女星

天琴座
（指环星云）

狐狸座

天箭座

海豚座

牵牛星

天鹰座

天鹰座·天琴座的看点

分列牵牛星两侧的两颗星星是寻找天鹰座的标志。牵牛星便是牛郎，那么两侧的星星便可看作是耕牛，我们可以通过"牵着两头牛的牛郎"来记住它们。天琴座的标志则是由织女星引出的琴弦似的平行四边形。天琴座还有着名为"M57 指环星云"的星云，星星们释放出的气体看起来呈一个圆环状。

摄影／〔日〕藤井旭

M57 指环星云：送给织女的礼物

　　天琴座的指环星云是由步入生命末期、处于不稳定状态的恒星构成，恒星向外侧释放的气体形成了指环状。因为织女星也同在天琴座，因此指环星云也被称作牛郎送给织女的订婚戒指。

　　提供／H.Bond et al.,Hubble Heritage Team(STScI / AURA),NASA

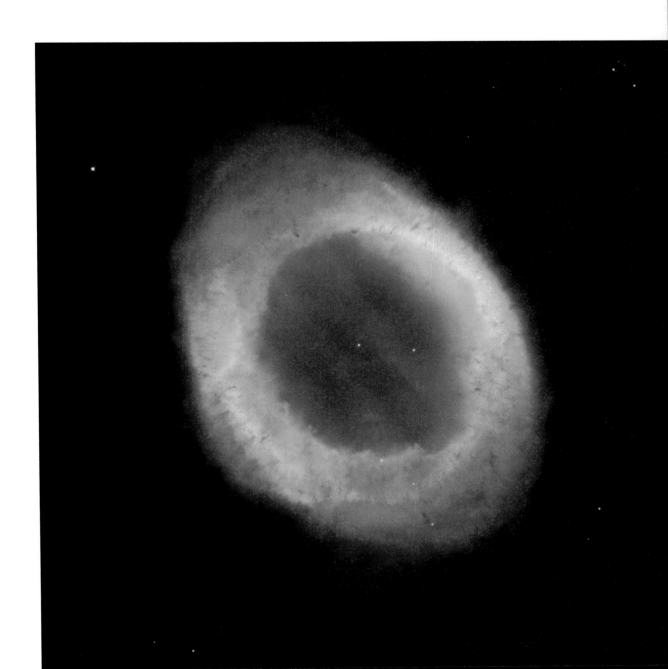

遥 远 的 恋 人 相 会

七夕

| Double Seventh Festival |

〈七夕〉分类 | 星空节日

相关天体 | 织女星（天琴座）、牵牛星（天鹰座）

　　在日本，Vega（织女星）和 Altair（牵牛星）分别作为七夕的织女与牛郎为人所熟知。每年的旧历七月初七，织女会乘着月舟前去与牛郎相会。织女星与牛郎星之间相距约 14 光年，他们如今仍旧处于异地恋当中吗？

　　七夕是飞鸟时代、奈良时代由中国传入的节日。日本自古以来也有一个名为"棚机"的节日，每逢七月初七，纯洁的少女要织布并供奉于神龛，用以迎神。这一习俗与中国传来的七夕合二为一，七夕的念法也变为了"Tanabata"。"七夕歌"也提到过的五彩诗笺代表织机上的彩线，原本是源自中国的阴阳五行学说。阴阳五行学说将世间万物分为阴阳两类，分别由金、木、水、火、土这五行元素构成：白色属金、青色属木、黑色属水、红色属火、黄色属土。

7 月中旬：凌晨 0 时

8 月中旬：晚上 10 时

9 月中旬：晚上 8 时

天鷹座形状

天琴座形状

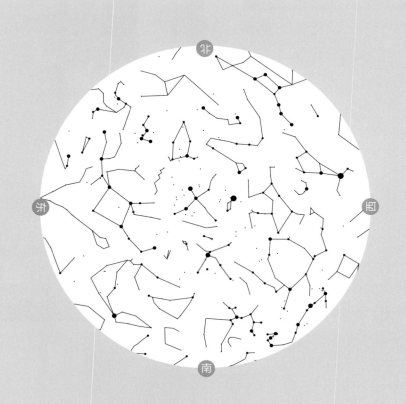

星座位置

七夕的传说

　　天帝的独生女儿织女擅长织布，每天都勤于劳作。天帝十分担心自己的女儿，于是将织女许配给在银河东岸放牛的牛郎。夫妻二人十分恩爱，但却耽于享乐忘了工作。天帝因而发怒，让二人分居银河两侧不得相见。后来，天帝看到二人重振精神、专心工作的模样，最终允许他们每年可以在七夕这天相会一次。❶

❶日本的七夕传说与我国的版本有较大差异。

织女和牛郎是异地恋

　　他们之间的距离以光速计算也要大约14年才能抵达。牛郎如果给织女打电话，织女要在大约14年之后才能听到牛郎的声音，想要约会也是很难的。

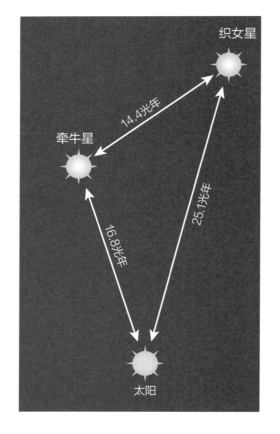

七夕庆典

　　七夕庆典源于中国，在日本的奈良时代是皇家贵族间举办的活动。到了江户时代才流传到民间。七夕的活动有很多，除了在诗笺上写下心愿挂在竹枝上以外，农村地区的人们还会祈祷丰收，进行各种与祈愿消灾祛病相关的活动。还有许多地区会在农历七月初七、八月初七举行庆典。

　　提供／日本仙台七夕庆典赞助会

以 天 鹅 之 姿 实 现 心 愿

天鹅座

| Cygnus |

在夏季夜空中展翅翱翔的正是天鹅座。天鹅尾部是 1 等星天津四，胸部是天津一，两侧的羽翼左右对称，鸟喙处则是知名的双星辇道增七。群星联结成天鹅的模样，十分夺目。这个美丽的十字形星座还被称作"北十字星"。虽然天鹅座是夏季的星座，不过在圣诞节时，它会在落日时分低悬于西方的天空，看起来就像一座耸立的十字架。

在希腊神话当中，天鹅座就是天神宙斯。在希腊的斯巴达有一位名叫勒达的美丽公主。宙斯为勒达的美貌所吸引，化作天鹅接近了她。神奇的是，之后勒达竟然诞下了两颗天鹅蛋。其中一颗蛋中生出了一对男性双胞胎，另一颗蛋中生出了一对女性双胞胎。这两对双胞胎都是继承了天神与人类之血的孩子。男性双胞胎便是日后成为双子座的卡斯托尔和波吕杜克斯。

〈天鹅座〉分类｜托勒密四十八星座

赤经｜20h30m

赤纬｜+43°

晚上 8 时抵达上中天的日期｜ 9 月 25 日

明亮的恒星｜天津四（Deneb）、天津一（Sadr）、天津九（Aljanah）、天津二（δ）、辇道增七（Albireo）、车府六（ζ）

知名的星云·星团｜M29、M39、NGC7000（北美洲星云）、NGC6960 及 NGC6992（帷幕星云）

7 月中旬：凌晨 0 时

8 月中旬：晚上 10 时

9 月中旬：晚上 8 时

天鹅座形状

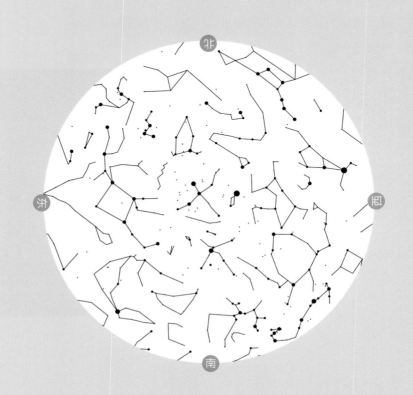

天鹅座位置

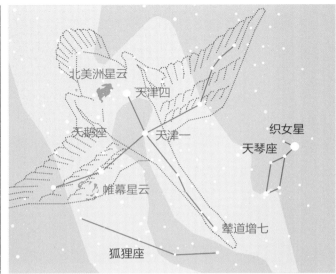

天鹅座的看点

鸟喙处闪耀的辇道增七凭借肉眼观察看起来像是一颗恒星，实际通过望远镜观察发现它是由两颗恒星构成的。这种天体被称作"双星"。天鹅的羽翼尖端仿佛仙女云裳一般的帷幕星云，以及天津四附近的北美洲星云也十分值得一看。

摄影／〔日〕藤井旭

辇道增七

辇道增七是由一颗蓝色星星和一颗黄色星星构成的美丽双星。日本诗人宫泽贤治将它们看作宝石，称之为蓝宝石和托帕石❶。

摄影／〔日〕藤井旭

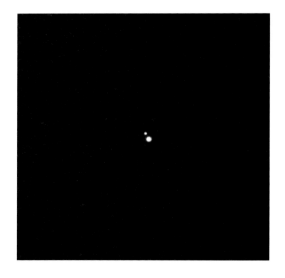

❶矿物学名称为黄玉或黄晶。

黑洞

　　黑洞过去仅存在于理论上，到了 20 世纪 70 年代人们才首次发现了可能是黑洞的天体，那就是天鹅座 X-1。黑洞是大质量恒星发生强力爆炸后密度变得极大的天体，其引力也随之变得极大，甚至连光都会被吸收。因为被黑洞吸收的物质会释放出强烈的 X 射线，所以通过研究 X 射线，我们现在已经发现了许多黑洞。

　　提供／ESA

实 际 呈 圆 盘 状 的 星 系

银河系

| Milky Way |

〈银河系〉分类 | 棒旋星系

所属 | 本星系群

银盘有效直径 | 10 万光年

银盘厚度 | 1.5 万光年（中心），0.2 万光年（太阳附近）

离开城市，前往天空昏沉之处，我们便能够看到乳白色的银河横亘夜空之景。

在西方，人们认为银河就像是女神赫拉的乳汁在夜空中流淌，因而称之为"Milky Way"。

如果用望远镜观察银河，你就会发现银河实际上是无数星星的集合体。这些星星每一颗都和太阳一样，是能够发光的恒星。据说，银河系中恒星的数量达到了数千亿颗。

银河系看似一条长河，实际则是一个中央鼓起的圆盘。太阳位于远离银河系中心的地方。横亘夜空的银河，实际上是自地球观察到的银河系内部的景象。在夏天和冬天，我们能够观察到的是银盘内部的模样，因此能够将银河系看个清楚。而在春天和秋天，我们能够观察到的是银盘之外的景象，因而映入眼帘的是银河系之外的遥远天体。

6 月中旬：凌晨 0 时

7 月中旬：晚上 10 时

8 月中旬：晚上 8 时

天体照片

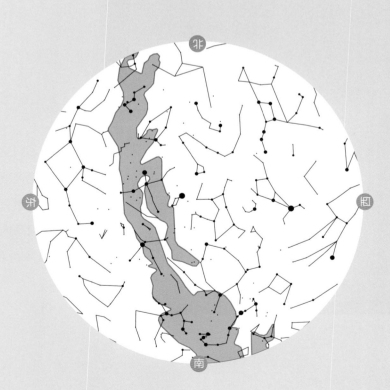

天体位置

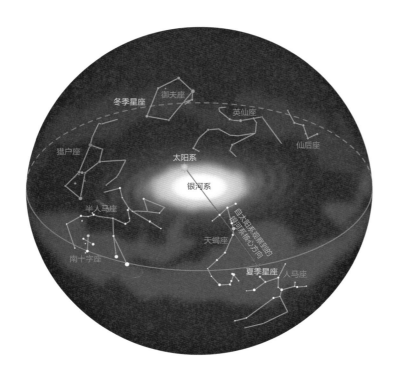

太阳系在银河系中的位置与不同季节的星空方向

地球是太阳系的第三行星，而太阳系则位于银河系之中。银河系的直径有 10 万光年，太阳系位于距银心❶大约 3 万光年的地方。银河系每 2 亿2600 万年公转一次。从地球望去，位于银心方向的夏季星座，反之则为冬季星座。

❶即银河系的中心，是银河系的自转轴与银道面的交点。

地面上看到的银河

根据观察的角度不同，银河系的形状也会发生变化。如果从位于银河系内部的地球来观察的话，银河系看起来就像是一条长河。

摄影／［日］饭岛裕

银河是银河系从侧面观察时呈现的模样

　　银河系从正上方看像是一个旋涡，从侧面看像是铜锣烧。而从我们身处的太阳系观察，看起来会比较扁平。

　　提供／日本国立天文台四次元数字宇宙计划

俄 里 翁 永 远 的 敌 手

天蝎座

Scorpius

〈天蝎座〉分类 | 黄道十二星座、托勒密四十八星座

赤经 | 16h20m

赤纬 | -26°

晚上 8 时抵达上中天的日期 | 7 月 23 日

明亮的恒星 | 心宿二（Antares）、尾宿八（Shaula）、尾宿五（Sargas）、键闭（Jabbah）❶、尾宿二（ε）、尾宿七（κ）、房宿四（Graffias）、尾宿九（Lesath）、心宿三（τ）、房宿一（π）、心宿一（Alniyat）、尾宿六（ι）、尾宿二（μ）、傅说（G）、尾宿四（η）

知名的星云·星团 | M4、M6❷、M7❸、M80a

　　天蝎座会在夏晚的天空闪耀于南方地平线附近。想要寻找天蝎座，可以通过寻找它的赤红心脏心宿二，或是呈巨大 S 型的恒星组合。日本把天蝎座的 S 字看作钓钩，称其为"鲷钓星"或是"鱼钓星"。在夏威夷则流传着一个传说，一个名叫毛伊的男人钓起了一整座岛屿，因而称天蝎座的 S 字为"毛伊的钓钩"。如果站在海边远眺，巨大的 S 字看起来确实很像浮在海洋中的巨型钓钩。

　　冬季星座猎户座俄里翁是个大力士，总是吹嘘自己比任何动物都要强壮。天神为了惩戒俄里翁，将一只毒蝎送到了他的面前。俄里翁原想一脚踩死毒蝎，却没想到毒蝎却快他一步抢先用毒针刺伤了他。强壮如俄里翁也无法敌过蝎毒，最终升上天空成了猎户座。如今，猎户座与天蝎座也依旧相互仇视，绝不与对方见面，分别作为夏季与冬季的星座遥遥相对，交替出现在夜空之上。

❶也称"房宿二"。
❷即蝴蝶星团，是一个疏散星团。
❸即托勒密星团，是一个疏散星团。

6 月中旬：凌晨 0 时
7 月中旬：晚上 10 时
8 月中旬：晚上 8 时

天蝎座形状

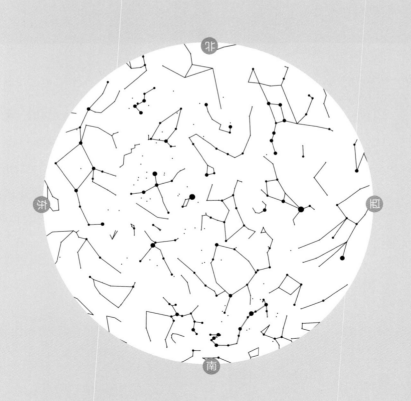

北

东

西

南

天蝎座位置

天蝎座的看点

　　天蝎毒针附近有一颗 2 等星和一颗 3 等星，看起来就像是黑暗中睁开双眼的猫咪一般，因而得名"猫眼"。心宿二附近还存在几个星团，如由无数繁星汇聚成团的球状星团 M4、蝎尾处星罗棋布的疏散星团 M6 和 M7。照片右侧的明亮星体则是火星。

　　摄影／［日］藤井旭

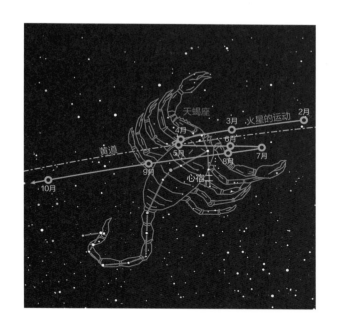

心宿二与火星

心宿二（Antares）的名字源自"Anti Arēs"，意为"对抗火星（Arēs）之星"。火星与心宿二看起来均为赤红色，自古以来常为人所比较。在日本，心宿二还有"赤星""酒醉星"等别名[1]。图为 2016 年火星经过天蝎座附近时的景象。

① 在中国则有别称"大火""大辰"。

心宿二附近：色彩的艺术

心宿二附近有着整个夜空中最为美丽斑斓的景色。我们使用双筒望远镜就能够观测到球状星团 M4。包括附近的弥漫星云在内，心宿二附近是一片非常美丽夺目的星空。

摄影／［日］吉田隆行

瞄 准 天 蝎 的 射 箭 好 手

人马座

| Sagittarius |

人马座的标志是由形似北斗七星的六颗恒星组成的勺子。这六颗恒星也被称作"南斗六星"。中国有着"北斗主死，南斗主生"的说法，认为人类的生死寿命是由南斗、北斗主宰的。

在希腊神话中，人马座是半人马族的喀戎，正张弓搭箭瞄准着天蝎座。人马座有许多星云、星团。M8礁湖星云位于射手长弓附近，在星空绚烂的地方凭借肉眼就能看到。M17欧米茄星云通过双筒望远镜应当就能看到。M20三叶星云在照片中看起来就像是暗星云将赤红色的星云撕裂了一般。

〈人马座〉 **分类** | 黄道十二星座、托勒密四十八星座

赤经 | 19h00m

赤纬 | -25°

晚上8时抵达上中天的日期 | 9月2日

明亮的恒星 | 箕宿三（Kaus Australis）、斗宿四（Nunki）、斗宿六（Ascella）、箕宿二（Kaus Media）、斗宿二（Kaus Borealis）、建三（π）、箕宿一（Alnasl）、箕宿四（η）、斗宿三（φ）、斗宿五（τ）

知名的星云·星团 | M8（礁湖星云）、M17（欧米茄星云❶）、M18、M20（三叶星云❷）、M21、M22、M23、M24、M28、M54、M55、M69、M70

❶也称天鹅星云。
❷也称三裂星云。

6月中旬：凌晨0时

7月中旬：晚上10时

8月中旬：晚上8时

人马座形状

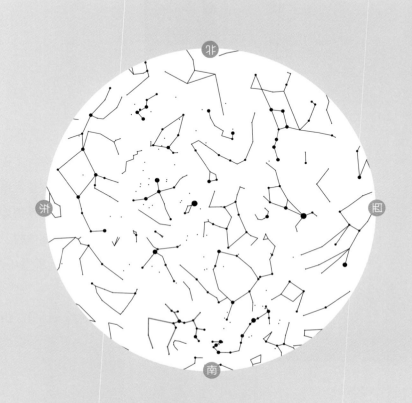

人马座位置

人马座的看点

  人马座附近是银河系中尤为浓艳的地方。那是因为人马座方向是银河系银心的方向，汇聚了大量恒星。

  摄影／［日］藤井旭

人马座有许多星云星团

  人马座有许多由气体和尘埃构成的星云以及群星汇聚而成的星团。人马座距离银河系很近，使用望远镜或双筒望远镜观察时，人马座看上去就像是撒落在星空中的宝石一般美丽夺目。

  摄影／［日］饭岛裕

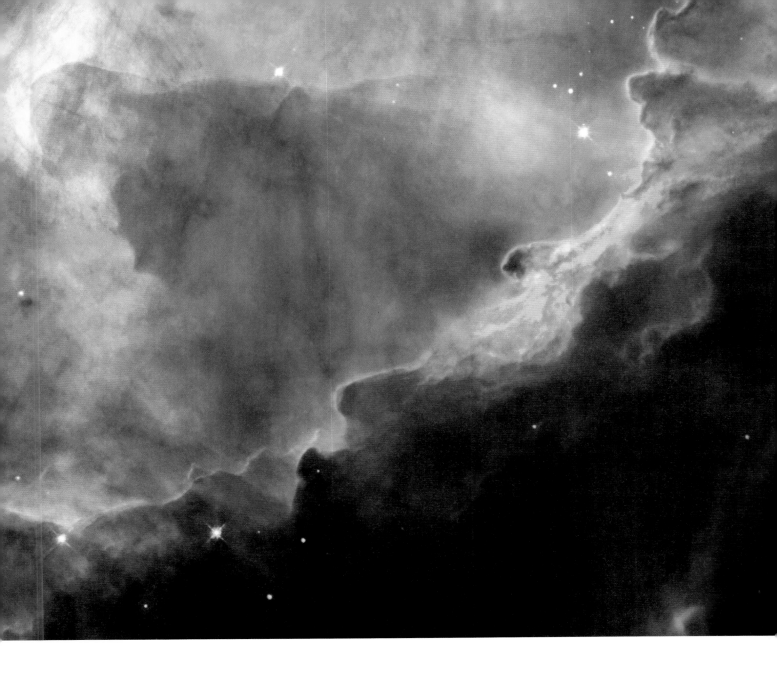

M17 欧米茄星云：希腊文字？！

因为形似希腊文字 Ω（欧米茄）而得名欧米茄星云。

有许多星云都会有这样的昵称。

提供／NASA,ESA and J.Hester

6—8月
夏季星空

英仙座流星雨

| Perseids Meteor Shower |

〈英仙座流星雨〉

分类 | 流星雨

辐射点 | 仙后座

彗星母体 | 斯威夫特－塔特尔彗星

据说只要向流星许愿，我们的愿望就能够实现。但我们究竟在何时何地才能够看到流星呢？其实，流星分为两种，一种是会在每年的固定时期出现的"流星雨"，另一种则是"偶现流星❶"。只要记住流星雨的周期，就有很大概率能够向流星许下你的心愿。

每年 8 月 12 日前后，在盂兰盆节❷时能够观察到的是英仙座流星雨。这时正好是暑假，大家身处天气条件较好场所的可能性也会比较大，请务必抬头眺望夜空。记得带上野餐垫、防寒用品还有你的心愿，让我们一起去看流星雨吧！

❶即不属于任何流星雨的流星，也称散乱流星、偶发流星。
❷佛教节日名称，即民间的中元节（每年农历七月十五）。

8 月 13 日　凌晨 2 时 30 分左右

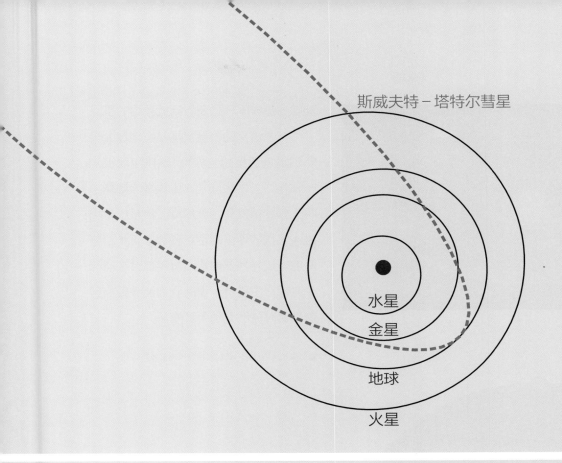

斯威夫特－塔特尔彗星

水星

金星

地球

火星

母彗星的轨道

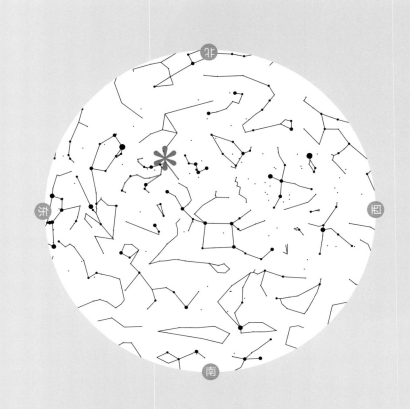

北

西

东

南

辐射点的位置

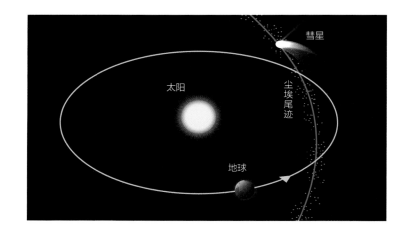

能够在每年同一时期看到流星雨的原因

　　产生流星的是彗星尾部在地球公转轨道附近遗落的尘埃❶。这些尘埃被统一称作"尘埃尾迹"。尘埃进入地球，与大气摩擦发光，就形成了流星。尘埃进入大气的速度高达每秒数十千米。彗星的轨道与地球的轨道每年都会在同一个时期产生重合，因此我们能够提前预测到何时能够看到大量流星。

❶形成流星的一粒一粒尘埃称作"流星体"。

流星雨的辐射点

　　流星雨的特征在于，会有许多流星从一个被称为辐射点的地方向四面八方发射出去。流星雨的名字则取自辐射点附近的星座或恒星。

英仙座流星雨

　　这一流星雨的特征在于速度极快且很少会留下流星余迹（流星划过后留下的近似烟雾的物质）。留下流星痕时，痕迹持续时间可长达数分钟，十分美丽。

　　摄影／［日］川村晶

太阳的缺亏——日食

　　太阳突然缺了一角，或是呈环状，或是完全被遮住使得白昼暗如黑夜一般，这种现象被称作日食。日食可称得上是令人瞠目结舌的最佳天体秀。日食可分为太阳完全被遮住的日全食、太阳边缘形成环状的日环食以及只有部分被遮住的日偏食。人们往往认为日食很少见，但其实它每年都会出现好几次。但对于某个特定地区而言，日全食或日环食是极为罕见的现象，我们也往往因此称日食是百年一遇的。

　　古人们将太阳奉为神明，认为它是一种极为神圣的天体，因此太阳如果突然缺了一块或是突然被遮住，他们会感到非常恐惧。美索不达米亚、中国等国家或地区的人们自古以来便会计算日食的周期，并对何时会出现日食进行预测。预测日食不仅能够缓解人们的恐惧情绪，有时还能够成为统治者驱使民众的工具。现如今，人们已经能够精确掌握日食出现的时间及地点。

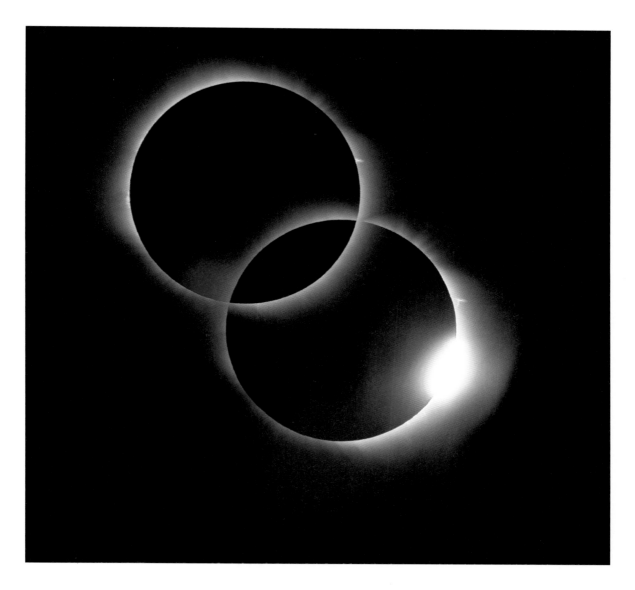

日全食

　　太阳被完全遮住后，即便是在白天我们也能够看见星星。太阳边缘的日冕向外散发光芒，此时，我们便能看到极具神秘色彩的太阳。上图为由日全食前、后的两张钻石环照片合成的图片。

　　摄影／［日］川村晶

日食的成因

　　地球绕太阳进行运动，月球则绕地球进行运动。当太阳、月球、地球在宇宙中排成一条直线时，就会产生日食。发生日食的日子一定是新月之日。从地球上观察的话，当月球从太阳正前方经过时，就会发生日食。日食这种天文现象之所以会发生，是因为太阳和月球的大小在地球上看起来是差不多的。

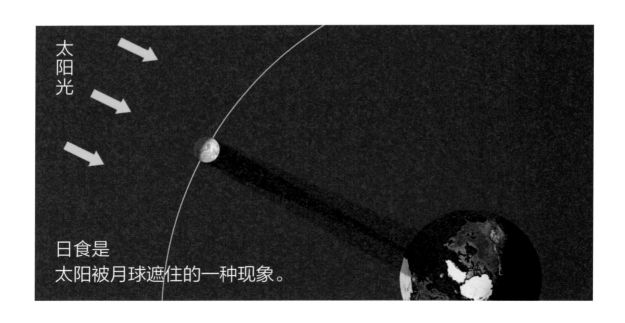

太阳光

日食是
太阳被月球遮住的一种现象。

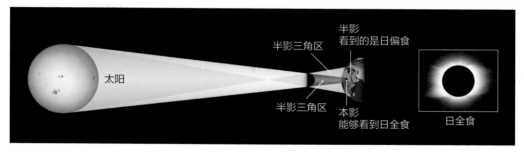

日全食　　　　　　　　地球和月球距离较近时，月球看起来会更大，此时便会发生太阳完全被遮住的日全食。钻石环和日冕也是能够观测到的。

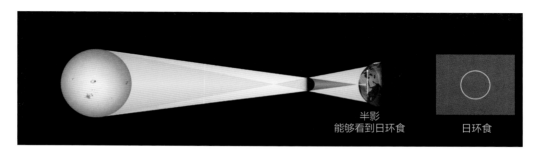

日环食　　　　　　　　地球与月球的距离较远时，月球看起来会较小，无法完全遮住太阳，太阳便会留下一圈外缘，看起来像是戒指一般。

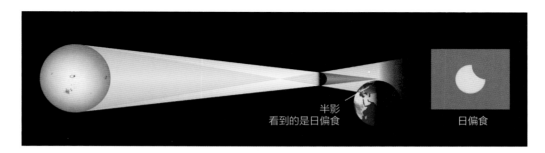

日偏食　　　　　　　　太阳的一部分被月亮遮住的情况叫作日偏食。日全食、日环食最佳观测地的周边地区，或是日全食、日环食发生前后都能够观测到日偏食。

古 代 埃 塞 俄 比 亚 王 室 的 标 志

秋季四边形

| Great Square of Pegasus |

〈飞马座〉分类 | 托勒密

四十八星座

赤经 | 22h30m

赤纬 | +17°

晚上 8 时抵达上中天的日期 |

10 月 25 日

明亮的恒星 | 危宿三（Enif）、

室宿二（Scheat）、室宿一

（Markab）、壁宿一（Algenib）、

离宫四（Matar）、雷电一

（Homam）

知名的星云·星团 | M15

　　夏日暑气渐退，到了好容易能松一口气的时候，请记得抬头仰望一下秋日的夜空。秋日的星空中装点着故人想象中的源自古代埃塞俄比亚王室的壮丽传说的星座。高悬九天之上的巨大四边形是"秋季四边形"，它也是飞马座的躯干部分。

　　将秋季四边形东方的星星连成 A 字形，就形成了古代埃塞俄比亚的公主仙女座。在北方守护公主的是国王"仙王座"与王后"仙后座"。在仙女座前面挥舞长剑的是拯救了她的英雄"英仙座"。当然，我们也不能忘了反派角色。将秋季四边形东侧边线的两颗星连起向南延伸，就能够找到鲸鱼座的土司空。这些星座都是古代埃塞俄比亚王室传说中曾经出现的角色。将秋季四边形西侧边线的两颗星连起并向南延伸，能够找到南鱼座的北落师门❶。在秋季四边形南方还能够找到双鱼座和宝瓶座。

❶即南鱼座 α 星。

9 月中旬：凌晨 0 时

10 月中旬：晚上 10 时

11 月中旬：晚上 8 时

飞马座形状

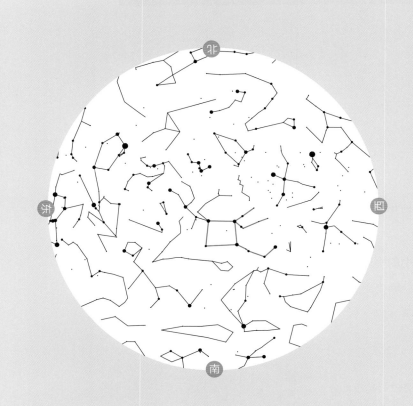

飞马座位置

秋季四边形

飞马座

　　秋季四边形也被称作"飞马四边形"，相当于飞马座的躯干。飞马一般也被称为"天马"，但正式的星座名为"飞马座"。飞马是一种背上生翼的传说中的马。在星座图当中并没有飞马的后半身。1995年，人类发现的第一颗太阳系外行星便是飞马座51。

　　摄影／〔日〕藤井旭

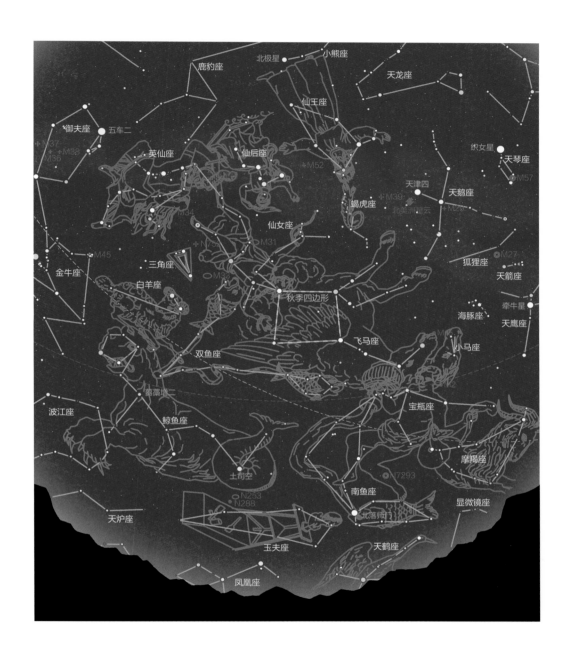

9 月中旬：凌晨 0 时
10 月中旬：晚上 10 时
11 月中旬：晚上 8 时
12 月中旬：傍晚 6 时

肉 眼 可 见 的 巨 大 旋 涡

仙女星系

| *Andromeda Galaxy* |

〈 仙女星系[1] 〉

梅西耶编号[2] | M31

NGC 编号[3] | NGC224

分类 | 星系

星座 | 仙女座

赤经 | 00h42.7m

赤纬 | +41° 16′

视直径 | 180′ ×63′

视星等 | 4.4

距离地球 | 230 万光年

仙女座的标志是 A 字形的横行排列。只要记住安德洛墨达（Andromeda）的首字母就可以了。安德洛墨达是古代埃塞俄比亚王室的公主。安德洛墨达公主头顶闪耀的壁宿二（阿拉伯语名 Alpheratz）意为"骏马的肚脐"。这个名字听起来像是飞马座的恒星，实际上却是属于仙女座的。壁宿二过去同时属于仙女座和飞马座，最终由国际天文学联合会（IAU）确定壁宿二属于仙女座。

从壁宿二开始观察周遭繁星，能够看到一片淡云似的 M31 仙女星系。仙女星系和我们的银河系一样，都是拥有数千亿颗恒星的天体系统。而在宇宙中，这样的星系又多达数千亿个，而邻近的星系同时组成星系群体是一种非常常见的现象，仙女星系和我们的银河系就同属于一个星系群。

[1] 也称"仙女座大星云"。

[2] 法国天文学家查尔斯·梅西耶为了搜寻彗星制作的一份记录星系、星云和其他非彗星天体的列表，以"梅西耶"的缩写"M"和数字命名。目前共有 110 个梅西耶天体。

[3] 由丹麦天文学家约翰·路易·埃米尔·德雷尔编列的恒星目录，称为新总表（New General Catalog，缩写即 NGC）。

12 月中旬：凌晨 0 时

1 月中旬：晚上 10 时

2 月中旬：晚上 8 时

天体照片

天体位置

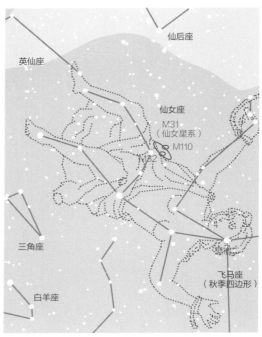

仙女座

　　安德洛墨达公主之母、王后卡西奥佩亚喜爱吹嘘炫耀。有一次，她夸口称自己的女儿比神女还要美貌。愤怒的神便派出鲸鱼怪四处作乱，并声称想要平息灾祸就要将公主献祭给鲸鱼怪。

　　仙女座的形态便是被献祭时以链条锁住的公主的模样。

　　摄影／［日］藤井旭

M31 仙女星系 ▶

　　M31 仙女星系是人类肉眼能够观察到的最遥远的天体，是位于银河系以外的星系。仙女星系距离我们 250 万光年，研究已经证明大约在 30 亿年后，仙女星系会和我们的银河系产生碰撞。

　　提供／ Bill Schoening, Vanessa Harvey/REU program/NOAO/AURA/NSF

在秋季夜空中闪耀的古代埃塞俄比亚的王后与国王

仙后座 · 仙王座

| Cassiopeia·Cepheus |

　　仙后座的标志是呈 W 字形或者说 M 字形的恒星排列。在日本，仙后座也被称为"山形星"。闪耀于秋季夜空的仙后座与仙王座是希腊神话中的王后与国王。仙后座呈王后坐于椅上的形态。据说，这是王后因吹嘘自夸而遭到天神惩戒，被缚于椅上在北方天空中无休无止地旋转的模样。

　　仙后座因为能够帮助人们找到北极星而知名。方法就是把 M 字形的两座山头连成一座，将顶峰处的星星和谷地处的星星连起并将其距离延伸 5 倍，之后我们就能够找到北极星附近的北极星了。北极星是一颗极为重要的星星。推荐大家在秋天和冬天使用通过仙后座寻找北极星的方法，而到了春天和夏天，通过北斗七星来寻找北极星更加合适。

〈仙后座〉分类 | 托勒密四十八星座

赤经 | 01h00m

赤纬 | +60°

晚上 8 时抵达上中天的日期 | 12 月 2 日

明亮的恒星 | 策星（Marj）、王良四（Schedar）、王良一（Caph）、阁道三（Ruchbah）、阁道二（Segin）、王良三（Achird）

知名的星云·星团 | M52、M103

10 月中旬：凌晨 0 时
11 月中旬：晚上 10 时
12 月中旬：晚上 8 时

〈仙王座〉分类 | 托勒密四十八星座

赤经 | 22h00m

赤纬 | +70°

晚上 8 时抵达上中天的日期 | 10 月 17 日

明亮的恒星 | 天钩五（Alderamin）、少卫增八（Errai）、上卫增一（Alfirk）、造父二（ζ）、天钩四（η）

知名的星云·星团 | 无

8 月中旬：凌晨 0 时
9 月中旬：晚上 10 时
10 月中旬：晚上 8 时

仙后座形状

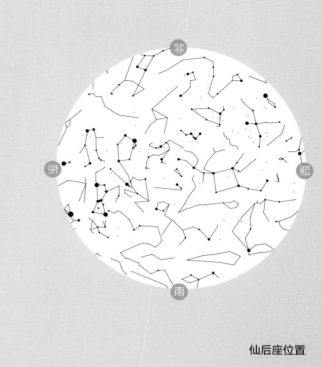

仙后座位置

仙王座形状

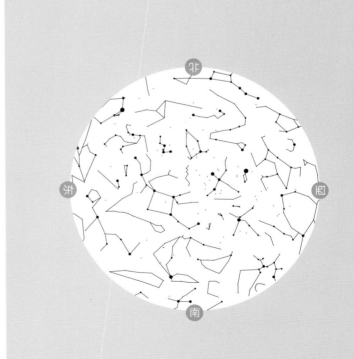

仙王座位置

蝎虎座
仙女座
仙王座
仙后座
造父一
仙后座A
小熊座
北极星
鹿豹座

◀仙后座·仙王座的看点

仙王座全年都会闪耀于北方的天空之中。仙王座 δ 星（造父一）是一颗变星，以 5 天 8 小时 48 分为周期，亮度从 3.5 等降低到 4.4 等。造父一时而膨胀、时而收缩导致自身亮度发生了改变。

摄影／［日］藤井旭

超新星残骸仙后座 A

超新星残骸是超新星爆发后的恒星残骸在宇宙中扩散留下的气壳，其中之一便是仙后座 A。它释放出了强烈的电波，如今也在持续向外扩散。

提供／ NASA,ESA,and the Hubble Heritage (STScI/AURA)-ESA/Hubble Collaboration

向 安 德 洛 墨 达 公 主 袭 来 的 反 派 鲸 鱼 怪

鲸鱼座

Cetus

〈鲸鱼座〉分类丨托勒密

四十八星座

赤经丨01h45m

赤纬丨-12°

晚上8时抵达上中天的日

期丨12月13日

明亮的恒星丨土司空（β

星）、天囷一（α星）、

蒭藁增二（o星）、天仓

二（η星）、天囷八（γ星）、

天仓五（τ星）

知名的星云·星团丨

M77、NGC246

　　大家可以试着通过秋季四边形来寻找鲸鱼座的尾巴。将秋季四边形东侧边线的两颗星连起向南延伸，就能够找到鲸鱼座的土司空，也就是鲸鱼的尾巴。

　　鲸鱼座心脏位置的星星的蒭藁增二，它是一颗亮度会发生改变的变星。

　　1960年，人们向鲸鱼座天仓五（τ星）发射了寻找外星人的无线电波。因为这一计划就像是绿野仙踪的故事一般梦幻，因而被称作奥兹玛计划。人们认为，如果宇宙中真的存在智慧生物，那他们一定会回复人类发出的信号。虽然令人遗憾的是目前我们还没有收到回信，但我们已经在银河系中发现了许多系外行星。而我们人类也在不断向外发送无线电波。总有一天，我们会收到来自宇宙另一端某颗星星的回信。

10月中旬：凌晨0时

11月中旬：晚上10时

12月中旬：晚上8时

鲸鱼座形状

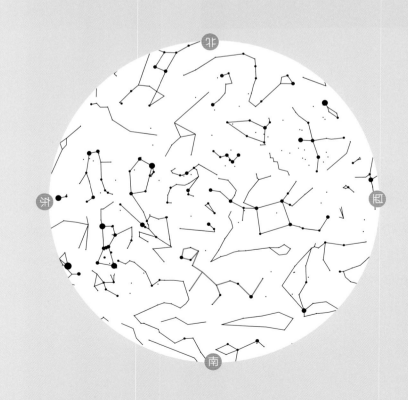

鲸鱼座位置

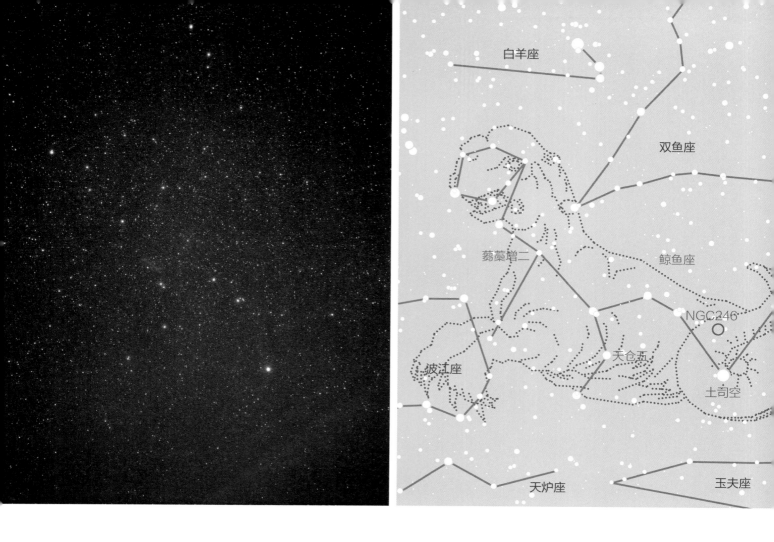

白羊座

双鱼座

鲸鱼座

NGC246

蒭藁增二

天仓五

波江座

土司空

天炉座

玉夫座

鲸鱼座的看点

　　鲸鱼座的心脏为蒭藁增二，尾部则是土司空。虽说名为"鲸鱼"，但它看上去却更像哥斯拉怪兽，本体实际为希腊神话中出现的海怪。因为王后卡西奥佩亚激怒了海神，海怪便现身于埃塞俄比亚，掀起了狂风海啸。而美丽的安德洛墨达公主则被献祭给了这头可怕的鲸鱼怪。鲸鱼座的形态正是海怪袭击安德洛墨达公主时的模样。

　　摄影／［日］藤井旭

最亮时   最暗时

蒭藁增二

鲸鱼座的蒭藁增二（Mira）意为"奇妙的星"。这是因为它是一颗以 332 日为一个周期，亮度自 2 等降低到 10 等的变星。2007 年，美国的研究团队甚至还发现蒭藁增二有着像彗星一样的尾巴。尾巴的长度甚至高达 13 光年！可以说蒭藁增二确实是一颗奇妙的星星。

摄影／［日］藤井旭

NGC246：悬于黑夜中的骷髅头？

在鲸鱼座尾部的恒星土司空附近，有一个名为"NGC246"的淡云似的行星状星云。因为形似骷髅头而有别名"骷髅星云"。悬于黑夜中的骷髅头，想想还真是有点吓人呢。

提供／NASA/JPL-Caltech/CfA

自 宝 瓶 倒 出 美 酒 的 美 少 年 与 等 待 的 鱼

宝瓶座·南鱼座

| Aquarius · Piscis Austrinus |

宝瓶座的标志是呈三箭形的四颗星星。请把它们下方的星星想象成自瓶口流出的甘霖，水流向的方向是南鱼座的北落师门。北落师门是秋季繁星中唯一一颗 1 等星，称为"秋日一星"或是"南方一星"。宝瓶座是被化为老鹰的天神宙斯掳走的特洛伊王子伽倪墨得斯。他是一位极为俊美的少年，之后便负责管理天神的藏酒或是负责斟酒。虽然名为"宝瓶座"，但瓶中盛着的却是天神们享用的长生不老之酒。他将这瓶酒一口气泼洒在天上，想来是很不中意这份斟酒的活计的。张开大口、一股脑地将美酒喝了个干净的便是南鱼座。

〈宝瓶座〉分类丨黄道十二星座、托勒密四十八星座

赤经丨22h20m

赤纬丨-13°

晚上 8 时抵达上中天的日期丨10 月 22 日

明亮的恒星丨虚宿一（Sadalsuud）、危宿一（Sadalmelik）、羽林军二十六（Skat）

知名的星云·星团丨M2、M72、M73、NGC7009、NGC7293（螺旋星云）

8 月中旬：凌晨 0 时
9 月中旬：晚上 10 时
10 月中旬：晚上 8 时

〈南鱼座〉分类丨托勒密四十八星座

赤经丨22h0m

赤纬丨-32°

晚上 8 时抵达上中天的日期丨10 月 17 日

明亮的恒星丨北落师门（Fomalhaut）

知名的星云·星团丨无

8 月中旬：凌晨 0 时
9 月中旬：晚上 10 时
10 月中旬：晚上 8 时

宝瓶座形状

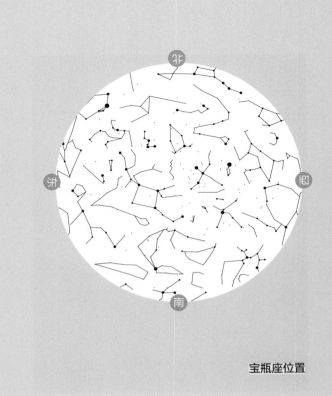

宝瓶座位置

南鱼座形状

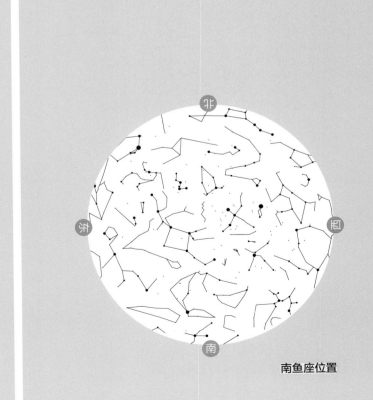

南鱼座位置

宝瓶座·南鱼座的看点

宝瓶座有着许多寓意幸福的恒星。美少年伽倪墨得斯❶右肩上的恒星是意为"帝皇的幸运星"的危宿一，左肩上的恒星则是意为"幸中之幸"的虚宿一。如果能在夜空中找到它们，一定会感到很幸福吧！

摄影／［日］藤井旭

❶又译加尼米德或加尼墨德。

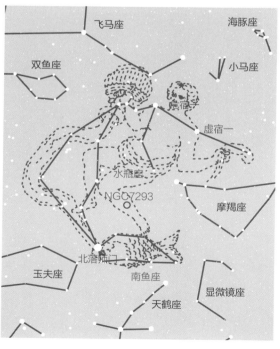

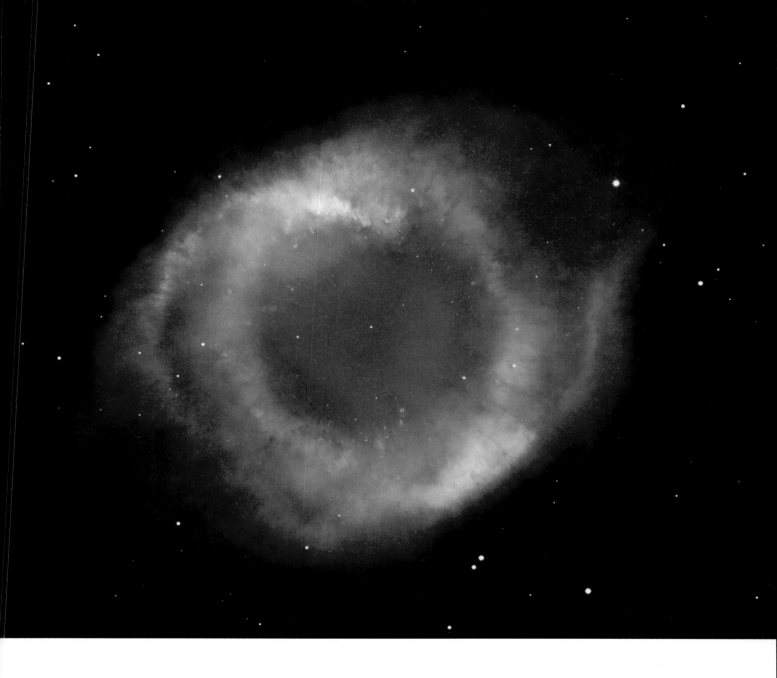

NGC7293：状似猫眼的螺旋星云

螺旋星云内的气体向两侧扩散，呈猫眼状，是一个行星状星云。星云看起来色彩斑斓，但这些颜色实际上通过肉眼是无法观察到的，只有通过星云照片才能看到。

提供／ NASA,WIYN,NOAO,ESA,Hubble Helix Nebula Team,M.Meixner(STScI),&T.A.Rector(NRAO)

供 上 糯 米 团 子 与 芒 草 ❶

中秋名月

| *Cyusyuno Meigetsu*

〈月〉分类 | 卫星

赤道半径 | 1738km（地球直径的 0.2725 倍）

体积 | 地球体积的 0.0203 倍

质量 | 地球质量的 0.0123 倍

密度 | 3.34g/cm³

重力 | 地球重力的 0.17 倍

表面温度 | -150℃—110℃

最大亮度 | -12.6 等

轨道半径 | 38.4 万 km

离心率 | 0.0549

轨道倾角 | 5.128 度

公转周期 | 27.322 日

新月—新月 | 29.531 日

自转周期 | 27.322 日

自转轴倾角 | 6.67 度

　　日本自古以来便有庆祝秋收、共赏圆月的庆祝活动，这种习俗被称为"中秋名月"。按照农历，秋季便是七月、八月、九月这三个月。八月是秋季的正中，而八月正中的十五日，也就是举行赏月活动的日子，因而这一习俗名为"中秋名月"。因为还需供上芋头等作物，也被称作"芋名月"。与之相应，在农历九月十三日赏月的习俗"十三夜"则有别名"栗名月"。据说，如果能在八月和九月分别赏月两次，就会有好运。

　　月亮一直以来便是对人们生活极为重要的天体。有观点认为，如果没有月亮，地球的自转速度会比现在更快，总是狂风大作，生命的进化也可能会因此滞后。月亮总是与我们同在的。

❶此为日本的中秋习俗。

天体照片

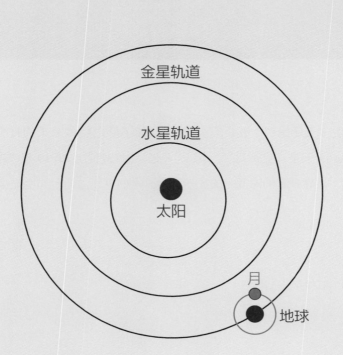

天体位置

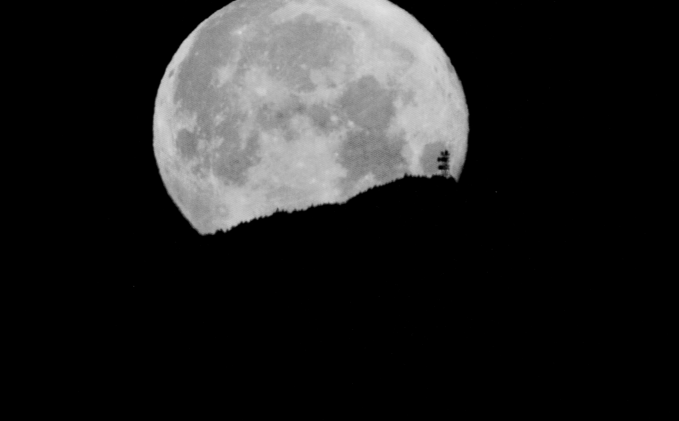

月

　　把新月定为第一天，第 15 天便是"十五夜❶"。那么，你了解之后每一天的月亮的称呼吗？第 16 天名为"十六夜❷"，第 17 天是"立待月"，第 18 天是"居待月"，第 19 是"寝待月"，第 20 天是"更待月"。这是因为，月亮升起的时间一天比一天晚，人们只能由站着等变成坐着等、躺着等，最后不得不熬夜等待月出。

　　摄影／〔日〕饭岛裕

❶此为日本的说法，我国一般称"满月"或"望月"。
❷此为日本的说法，我国一般称"既望月"。

在月亮每一天的盈亏变换中，其位置也会改变。新月时，由于月亮面对太阳，在地球上夜间是无法观测到月亮的。

从新月到上弦月为止，月亮会出现在傍晚时分西方的天空中。上弦月指的是太阳落山后在南方天空中出现的半月。满月则会在太阳西沉后从反方向的东方升起，之后出现的便是下弦月，月球的盈亏大约每 29.5 日重复一次。

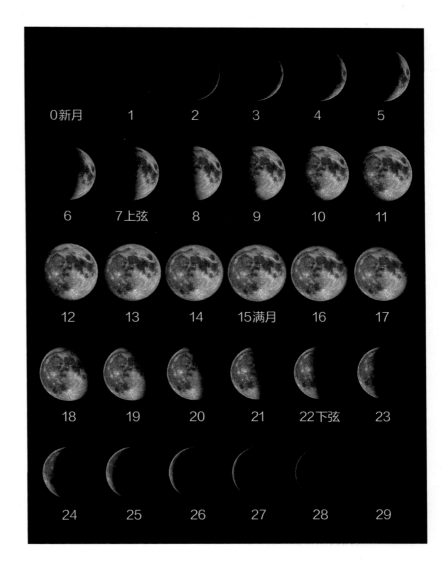

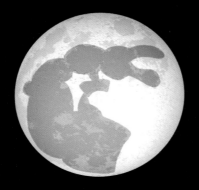

捣年糕的兔子

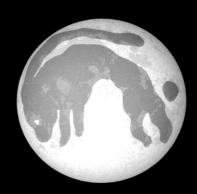

跃入水中的兔子

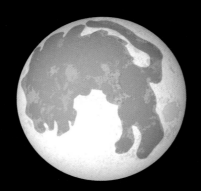

狮子

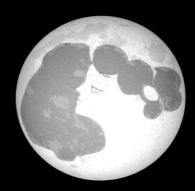

女性的侧脸

月的比喻

自古以来，日本人便认为月亮上有月兔在捣年糕。而在世界各地，则对月亮有着花样繁多的比喻。阿拉伯[1]认为月亮上有狮子，东欧和北非认为黑色的月海是头发，其他发白的部分是女性的侧脸。到了最近，也有很多人把月亮上的图案称作"独角仙"。

[1] 月球月面上比较低洼的平原。虽然叫作"海"，但实际上没有一滴水，表面覆盖着月海玄武岩。

位 于 太 阳 轨 道 上 的 星 座

黄道十二星座

| Zodiacal Constellations |

〈黄道十二星座〉组成星座 | 白羊座、金牛座、双子座、巨蟹座、狮子座、室女座、天秤座、天蝎座、人马座、摩羯座、宝瓶座、双鱼座

　　古人们的日常生活中，发现太阳在星空中是一点一点自西向东运动的。而位于太阳轨道黄道上的就是黄道星座。太阳在黄道上运动的一年间，将会经过这些星座。

　　然而，你曾在夜空中看到过自己的星座吗？一个令人遗憾的事实是，我们很难在生日看到自己的星座。这是因为星座所属的月份是根据数千年前太阳经过的时间来决定的。也就是说，我们生日所对应的星座出现在白天，自然是无法观察到的。如今地球因为岁差运动而沿着以地轴为中心摇摆，多少会产生一定误差，但在生日当天我们仍旧无法看到属于自己的星座。想要看到自己的星座，就要在生日的三四个月前开始观察。就让我们从自己的星座开始，看遍十二星座吧。

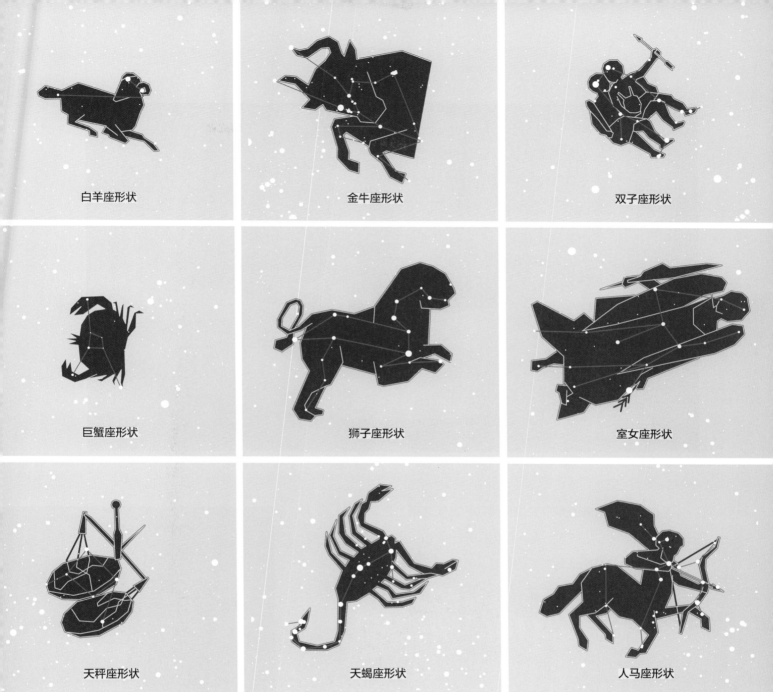

白羊座形状　　　　　　金牛座形状　　　　　　双子座形状

巨蟹座形状　　　　　　狮子座形状　　　　　　室女座形状

天秤座形状　　　　　　天蝎座形状　　　　　　人马座形状

摩羯座形状　　　　　　宝瓶座形状　　　　　　双鱼座形状

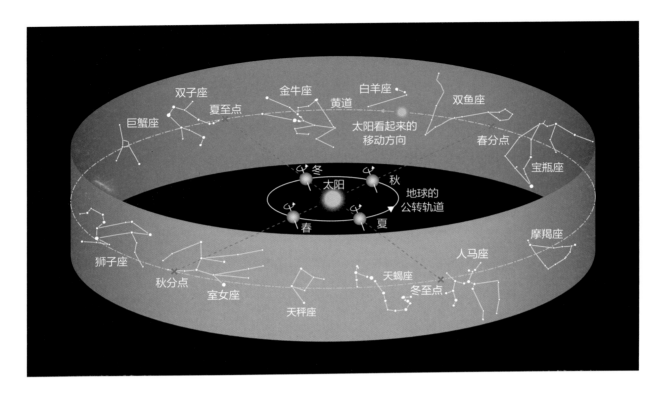

随季节变换的星座

　　星座之所以会随着季节变换而移动，其实是因为地球会以一年为周期绕太阳运动。从地球上看，与太阳正方向是白天，反方向是夜晚，位于夜晚方向的星座就是当季的星座。

黄道十二星座是太阳的轨道

　　我们的星座，是根据生日时太阳位于哪个星座的位置来决定的。然而，因为地球的地轴正以约 2.6 万年为周期进行摇摆运动（岁差运动），如今太阳与星座的位置关系已经不同于古代了。

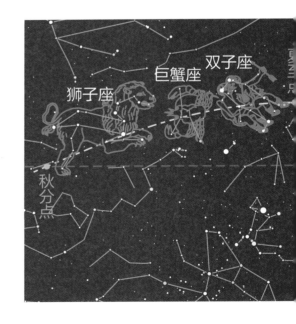

秋季四边形

双鱼座

　　太阳的轨道黄道与天赤道（垂直于地球自转轴的大圈）的交点被称为春分点和秋分点。有许多古代历法都把太阳抵达春分点的日期定为一年之始。在距今两千多年前，人们便开始以生日所属的星座进行占卜，而春分点的时间位于白羊座。但如今地球因为岁差运动而以地轴为中心摇摆，春分点的时间已经进入了双鱼座。

摄影／［日］藤井旭

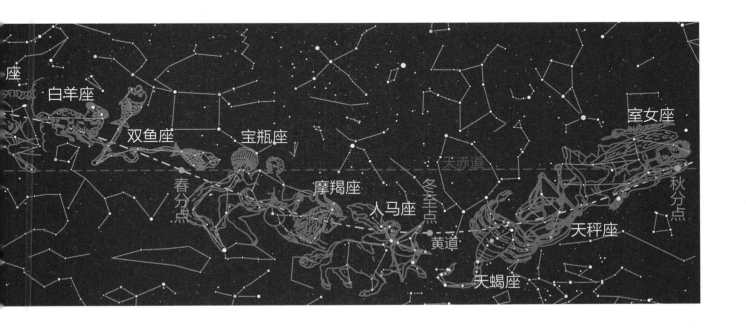

座

白羊座

双鱼座

宝瓶座

室女座

春分点

摩羯座

人马座

冬至点

天赤道

秋分点

黄道

天秤座

天蝎座

月的缺亏——月食

夜间发生的最棒的天体秀当属月食。

月食是当月球进入地球的阴影时,在地球上观察,月亮看起来缺了一块的现象。月食会在地球进入太阳和月球之间时发生。月食只可能在满月之夜发生。

地球阴影分为较深的部分(本影)和较淡的部分(半影),当月球完全进入本影时就会发生月全食,部分进入本影时则会发生月偏食。

月全食发生时,满月会在很短的一段时间内逐渐缺失,直到明亮的月亮完全消失,便会出现一轮赤铜色的月亮。

月亮进入地球半影时,会出现半影月食。月虽然会变得较暗,但除此以外没有太大变化。上文提到月食只会在满月之夜发生,但这并不意味着只要是满月之夜就一定会发生月食。这是因为,在地球上看去,太阳的轨道和月球的轨道大约有 5 度的夹角。

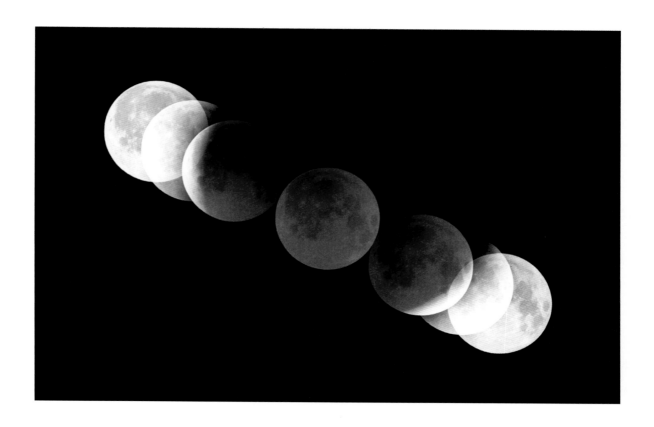

月全食

　　月球完全进入地球的影子，但并不会完全变黑，而是变为赤红色的模样。这是因为穿透地球大气层的少量光线中，只有波长最长的红光照射到了月亮上。

　　摄影／［日］川村晶

月食是
月球被地球阴影遮盖住的一种现象。

太阳光

月食的成因

　　遮住月球的是地球的影子。月球完全进入地球本影
的情况称作月全食，部分进入本影的状态称作月偏食。
月食是很罕见的现象，但发生月食时，我们能在地球上
十分广泛的范围内长时间地观测到它。

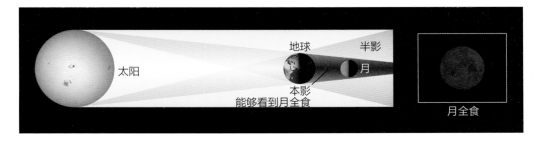

月全食　　　　　　满月完全被遮住的现象为月全食。满月完全被地球的影子遮住时，月球呈赤红色。这时的月亮与往常完全不同，具有一种不可思议的美。

月偏食　　　　　　一部分满月被遮住的现象称为月偏食。月偏食会在月全食发生前后发生，月亮被遮住时的形态也千变万化，能带给观赏者不同的乐趣。

半影月食　　　　　月球进入地球半影时发生的月食称为半影月食。半影非常淡，因而仅凭肉眼观察会难以分辨。

闪 耀 于 冬 季 夜 空 中 的 斑 斓 群 星

冬季大三角

| Winter Triangle |

〈冬季大三角〉分类 | 星空标志

构成恒星 | 参宿四（猎户座）、天狼星（大犬座）、南河三（小犬座）

　　冬季的繁星较往常更为绚烂多彩。7 颗明亮的 1 等星带领着群星横空出世，将冬季夜空装点得极为绚烂。冬天观察星座时记得要穿上保暖的服装。冬季时，星星的颜色也将是一大看点。首先，我们可以试着寻找由猎户座赤红色的参宿四、大犬座青白色的天狼星以及小犬座的南河三组成的"冬季大三角"。想来应当有很多人能够立刻找到猎户座。将猎户座的腰带三星连起并向上延伸，便能够找到金牛座的毕宿五。接着，我们从金牛的角出发寻找一个五边形，便能够找到御夫座。在冬季大三角之上，还有着拥有北河二、北河三的双子座。冬季大三角当中还有传说中的生物麒麟座。猎户座下方是可爱的天兔座。冬季的星空，真是让人百看不厌。

12 月中旬：凌晨 0 时

1 月中旬：晚上 10 时

2 月中旬：晚上 8 时

星座形状

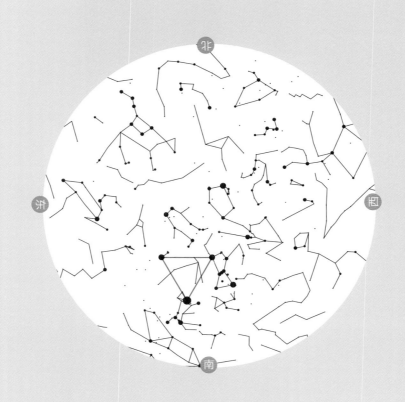

星座位置

冬季大钻石

冬季大三角

大犬座的天狼星、猎户座的参宿七、金牛座的毕宿五、御夫座的五车二、双子座的北河三以及小犬座的南河三，将这6颗恒星连成巨大的六边形，便能在夜空中勾勒出一个大钻石的形状。这就是"冬季大钻石"。一定记得要在夜空中寻找这块宝石呀。

摄影／〔日〕川村晶

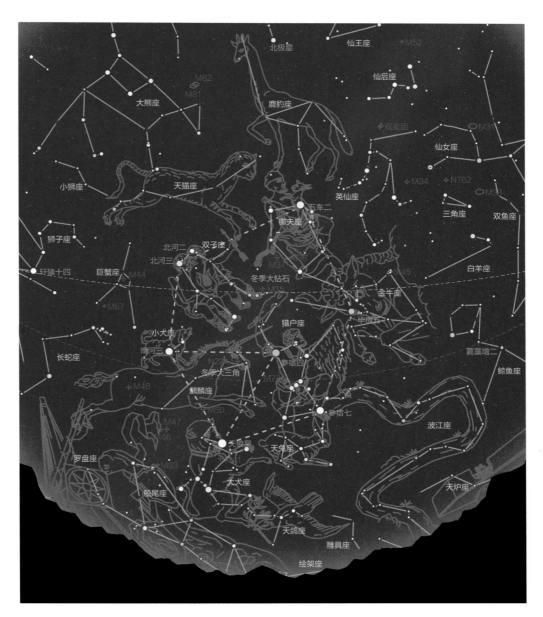

12月中旬：凌晨 0 时
1月中旬：晚上 10 时
2月中旬：晚上 8 时
3月中旬：傍晚 6 时

寒 冬 星 座 的 代 名 词

猎户座

| *Orion*

　　4颗星星组成了一个长方形，旁边则是排列整齐的腰带三星。猎户座应当是大家记住的第一个星座了。"腰带三星"在冬季夜空显得格外动人，总是能够吸引大家的眼光。

　　俄里翁是希腊神话的一位猎人，他和月神阿尔忒弥斯的凄婉故事流传千古。俄里翁与阿尔忒弥斯是一对恋人，阿尔忒弥斯的哥哥阿波罗却对举止粗鲁的俄里翁很是看不顺眼。某天夜里，阿波罗发现俄里翁正在海里洗澡，便对阿尔忒弥斯这样说道："你对自己百步穿杨的本事很是得意，那你不如把那头巨熊射死让我瞧瞧。"对自己的本事十分自信的阿尔忒弥斯当真把自己的恋人俄里翁当成了一头熊，张了满弓，一箭射了出去。天神对阿尔忒弥斯的悲痛唏嘘不已，为了让她能够时刻与俄里翁相见，便将俄里翁升到天上成了猎户座。

〈猎户座〉分类 | 托勒密四十八星座

赤经 | 05h20m

赤纬 | +03°

晚上8时抵达上中天的日期 | 2月5日

明亮的恒星 | 参宿七（Rigel）、参宿四（Betelgeuse）、参宿五（Bellatrix）、参宿二（Alnilam）、参宿一（Alnitak）、参宿六（Saiph/κ）、参宿三（Mintaka）、伐三（Hatsa）、参旗六（π3）、参宿增三（η）、觜宿一（Meissa）

知名的星云 · 星团 | M42（猎户座大星云）、M43、M78、巴纳德环、IC❶434（马头星云）

❶即IC编号，是NGC补表的简称。

12月中旬：凌晨0时

1月中旬：晚上10时

2月中旬：晚上8时

猎户座形状

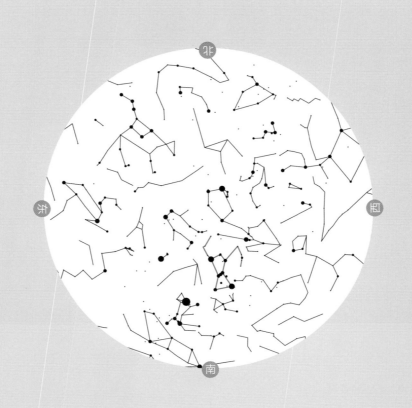

猎户座位置

PART 2 星空的世界

参宿四

腰带三星

猎户长剑

M42
（猎户座大星云）

参宿七

猎户座的看点

腰带三星左上方的红色恒星是参宿四，右下方的青白色恒星是参宿七。参宿四是一颗红超巨星，随时都有可能爆发。也许参宿四的爆发就会发生在今晚哦。

摄影／［日］藤井旭

腰带三星与长剑❶

在"腰带三星"下方，纵向排列着三颗星，它们是俄里翁的"长剑"。长剑的正中央，大家是不是能够看到一团模糊的、像云一样的天体呢？它就是猎户座大星云。这里聚集了许多气体和尘埃，是恒星诞生的地方，被称为"猎户座四边形"的年轻恒星照亮了周遭的气体。

摄影／［日］饭岛裕

❶日文名称为"小腰带三星"，意为"小三星"，中文一般称为猎户座的"长剑"。

12—2月

冬季星空

猎户座大星云

| Orion Nebula/M42 |

〔 猎户座大星云 〕

梅西耶编号 | M42

NGC 编号 | NGC1976

分类 | 弥漫星云

星座 | 猎户座

赤经 | 05h35.4m

赤纬 | -5° 23′

视直径 | 60′×60′

距离地球 | 1500 光年

　　夜空中存在许多被称为星云的天体，其中的 M42 猎户座大星云凭借肉眼便能够观测到，使用双筒望远镜观测也足以欣赏它的美。德国天文学家 J.E·波得将其称为"天上最美的星云"。它位于"长剑"的正中央位置，如果拍摄一张它的照片，它会呈现出略带粉色的美景，但凭借肉眼我们却看不到它的颜色。它看上去就像一片模糊的云，仿佛是鸟儿展开了双翼翱翔。

　　如果使用天文望远镜观察猎户座大星云的中心，能够看到被称作"猎户座四边形"的四颗星星。猎户座四边形诞生于距今约 10 万年前，非常年轻，是它将整个星云照亮了。猎户座大星云值得一看的地方有很多，是冬季夜空中最值得推荐的美丽星云。

〔 马头星云 〕

IC 编号 | IC434

分类 | 暗星云

星座 | 猎户座

赤经 | 05h41m

赤纬 | -02° 24′

视直径 | 60′×10′

距离地球 | 1300 光年

天体照片

天体位置

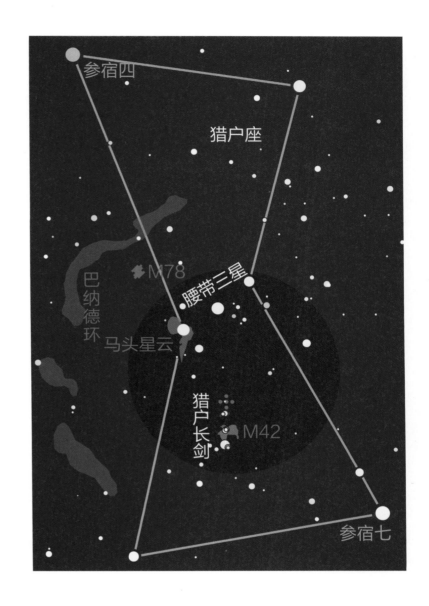

参宿四

猎户座

巴纳德环

M78

腰带三星

马头星云

猎户长剑

M42

参宿七

猎户座的恒星几乎都是兄弟

　　猎户座与其他星座不同，内部几乎所有的恒星都是在同一个地点诞生并向外扩散的。
在拍摄的许多照片中能够看到有一个将猎户座整个包裹了起来的"巴纳德环"的星云，
它其实是超新星爆发残骸。

　　提供／［日］吉田隆行

马头星云

　　马头星云看起来确实很像骏马的头颅。发暗的部分是暗星云，近处的尘埃将远处天体的光线遮住了，看起来就像是黑色的剪影一般。顺带一提，奥特曼❶的故乡 M78 也位于猎户座。

　　摄影／〔日〕吉田隆行

❶奥特曼系列是日本的空想特摄系列电视剧，主要讲述的是来自外星的巨大英雄奥特曼们与怪兽对战，守卫地球的故事。自 1966 年系列第一部作品播出至今，该系列故事已经持续了长达半个世纪之久。

追 逐 在 猎 人 俄 里 翁 身 后 的 两 条 狗

大犬座·小犬座

| Canis Major · Canis Minor |

　　说到大犬座的标志，那自然是全天最为明亮的天狼星❶。天狼星(Sirius)在希腊语中意思为"烧焦"（古人认为天狼星和太阳同时升起时正是夏季，天狼星的光和太阳的光合在一起，才是夏季天气炎热的原因）。在古埃及，天狼星是能够报知尼罗河泛滥时期的重要天体。在中国它被称作"天狼星"，在日本则被称为"青星"。在希腊神话中，大犬座是一只名为莱拉普斯的狗，它能够捉到世上所有的猎物。有一天，忒拜出现了一只永不会被捉到的狐狸。莱拉普斯被派去捕捉这只狐狸，但狐犬二兽却你追我逃、永无止歇。天神宙斯最终实在是看不下去，便将莱拉普斯升上天空成了大犬座。小犬座则是猎鹿行家阿克特翁心爱的幼犬。小犬座的 1 等星南河三在夜空中升起的时间早于大犬座，因此它的名字（Procyon）也有"在犬的前面"之意。

❶天狼星实际上是全天除太阳以外最明亮的恒星，但其亮度暗于行星金星、木星。

〈大犬座〉分类｜托勒密四十八星座

赤经｜06h40m

赤纬｜-24°

晚上 8 时抵达上中天的日期｜2 月 26 日

明亮的恒星｜天狼星（Sirius）、弧矢七(Adhara)、弧矢一（Wezen）、军市一（Murzim)、弧矢二(Aludra)、孙增一（Furud)、o 2、σ

知名的星云·星团｜M41、NGC2440

12 月中旬：凌晨 0 时
1 月中旬：晚上 10 时
2 月中旬：晚上 8 时

- - - - - - - - - -

〈小犬座〉分类｜托勒密四十八星座

赤经｜07h30m

赤纬｜+06°

晚上 8 时抵达上中天的日期｜3 月 11 日

明亮的恒星｜南河三（Procyon）、南河二（Gomeisa）

知名的星云·星团｜无

1 月中旬：凌晨 0 时
2 月中旬：晚上 10 时
3 月中旬：晚上 8 时

大犬座形状

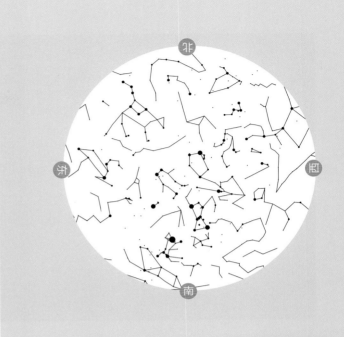

大犬座位置

小犬座形状

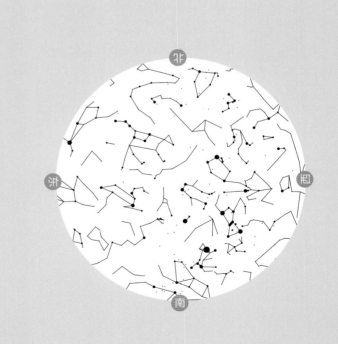

小犬座位置

大犬座・小犬座的看点

　　在天狼星和大犬座脖颈附近有一个肉眼依稀可见的疏散星团 M41。这里聚集着超过 100 颗恒星。银河系介于大犬座和小犬座之间，使用双筒望远镜能够观测到许多美丽的恒星。夏季的银河系固然迷人，但它在冬季的魅力也不遑多让。

　　摄影／［日］藤井旭

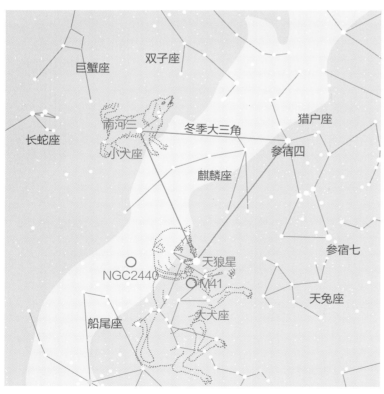

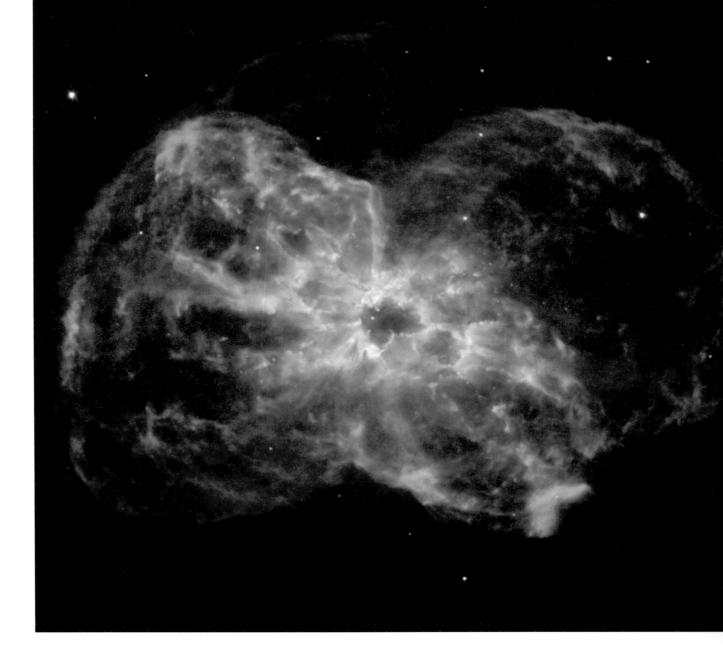

NGC2440：宇宙中的蝴蝶结

　　行星状星云 NGC2440 内的气体并不是均衡地向外扩散呈圆形，而是向两个不同的
方向扩散开来，看起来就像是蝴蝶结或是领结一般。位于正中心的恒星是温度高达 20
万度的白矮星。

　　提供／ NASA,ESA,and K.Noll(STScI)

坠 入 爱 河 的 宙 斯 幻 化 成 的 星 座

金牛座

Taurus

金牛座的标志是让人联想到两只牛角的V字形星星。金牛座的肩部为著名的 M45 昴星团（七姊妹星团），日文名为"昴星"。希腊神话中，金牛座是天神宙斯的化身。某天，宙斯在天上注意到了一位名叫欧罗巴的美丽少女。对欧罗巴一见钟情的宙斯化身为白色公牛来到了她的面前，驮着她渡过大海，来到了克里特岛。欧罗巴起初万分惊恐，但最后还是同宙斯结了婚，两人过上了幸福的生活。而欧洲的名字便来源于欧罗巴。金牛的右眼是毕宿五（Aldebaran），意为"紧随其后之物"，因为它看起来仿佛正跟在 M45 昴星团之后运动。毕宿五还有一个别名叫"Cor Tauri（公牛之心）"，古人们应当是把闪耀着橙色光芒的毕宿五想象成了心脏吧。

〈金牛座〉分类｜黄道十二星座、托勒密四十八星座

赤经｜04h30m

赤纬｜+18°

晚上8时抵达上中天的日期｜1月24日

明亮的恒星｜毕宿五（Aldebaran）、五车五（Elnath）、昴宿六（Alcyone）、天关（ζ）、毕宿六（θ）❶、毕宿八（λ）

知名的星云·星团｜M1（蟹状星云）、M45（昴星团❷）、Mel.❸25（毕星团）

❶实际为由金牛座 θ¹ 和金牛座 θ² 组成的恒星系统。
❷也称"七姊妹星团"。
❸即 Mel. 编号，是梅洛特星团表的简称。

11月中旬：凌晨0时
12月中旬：晚上10时
1月中旬：晚上8时

金牛座形状

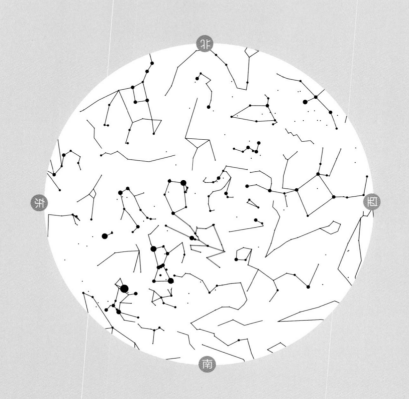

金牛座位置

　　金牛充了血的眼睛就是毕宿五。呈 V 字排列的星星相当于它的头颅，名为"毕星团"。而它肩部附近则有 M45 昴星团。金牛座可谓一个颇具看头的星座。

摄影／［日］藤井旭

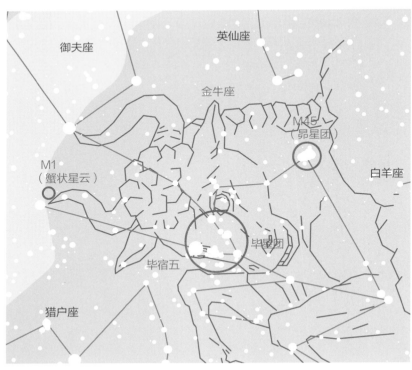

毕星团

　　毕星团是一个聚集了很多恒星的星团，它位于金牛座的"V"字附近。日本人把这个"V"字称作"钓钟星"。

　　摄影／〔日〕藤井旭

12—2月

冬季星空

昴星团（七姊妹星团）

Pleiades / M45

〈 M1 蟹状星云 〉

梅西耶编号 | M1

NGC 编号 | NGC1952

分类 | 超新星残骸

星座 | 金牛座

赤经 | 05h34.5.m

赤纬 | +22°01′

视直径 | 6′×4′

视星等 | 8.6

距离地球 | 7200 光年

　　金牛座的昴星团在日本被称作"昴星"，自古以来便为人们所喜爱。平安时代的清少纳言在《枕草子》一书中写到，"星是昴星。牛郎星。夕星……"称昴星是最为美丽的星星。日本架设在夏威夷的巨型望远镜也被命名为"昴星团望远镜"。于日本人而言，昴星由古至今都是非常重要。"昴"来源于"聚而为一"这一古语❶，昴星团肉眼看上去是 6 颗星星的集合，但是实际上确是有着 100—200 颗星星的星团。如果能在昴星团发现 7 颗以上的星星，说明你的视力一定相当出色。希腊神话中，七姊妹指的是侍奉月神阿尔忒弥斯的七位姐妹。

❶此处指的是日文中的说法，与中文有所不同。

〈 昴星团 〉

梅西耶编号 | M45

Mel. 编号 | Mel.22

分类 | 疏散星团

星座 | 金牛座

赤经 | 03h47.5.m

赤纬 | +24°07′7

视直径 | 120′×120′

视星等 | 1.4

距离地球 | 410 光年

天体照片

天体位置

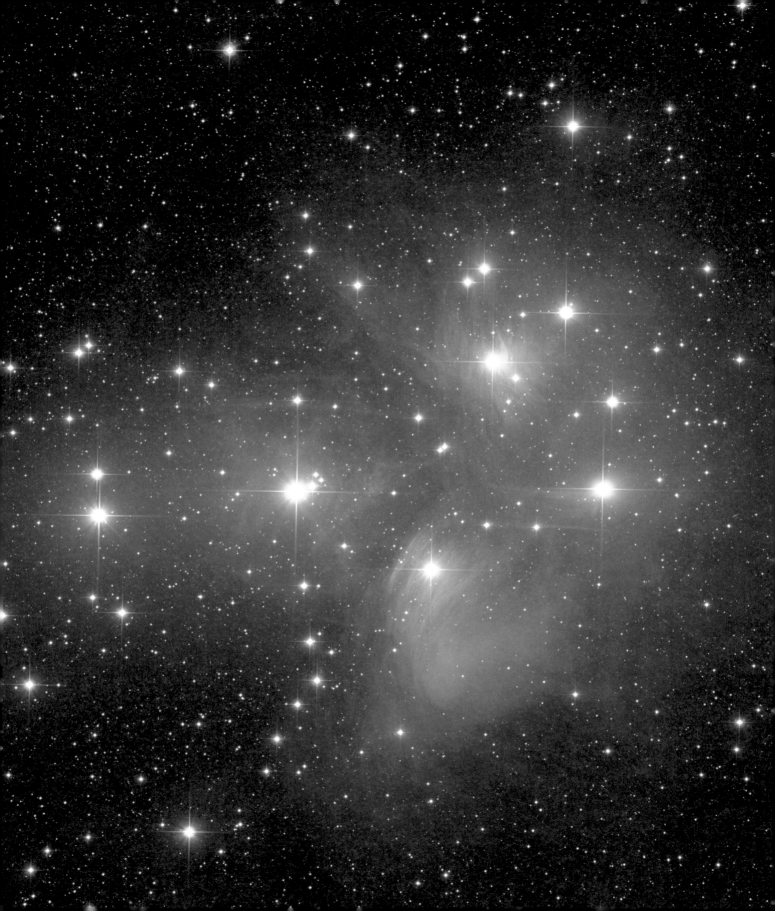

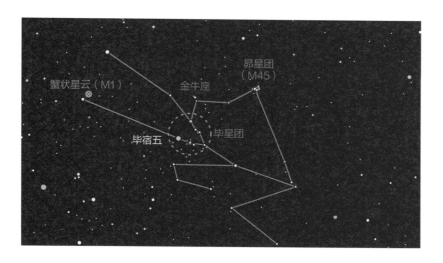

蟹状星云（M1）　金牛座　昴星团（M45）

毕宿五　毕星团

M45 昴星团

照片中的昴星团能够看出它裹着一层青白色的气体。昴星团如今 6000 万岁，而太阳则有 50 亿岁。

提供／〔日〕吉田隆行

蟹状星云

金牛座的右角尖上有一个名为"M1 蟹状星云"的天体。这是在 1054 年就已经被观测到的超新星残骸，如今仍旧不断地向宇宙空间扩散，因为形状像螃蟹而得名蟹状星云。蟹状星云并不属于巨蟹座而是位于金牛座，还真是有点难记呢！

提供／NASA

夜 空 中 相 依 相 偎 的 好 兄 弟

双子座

| *Gemini*

〈双子座〉分类 | 黄道十二星座、托勒密四十八星座

赤经 | 07h00m

赤纬 | +22°

晚上 8 时抵达上中天的日期 | 3 月 3 日

明亮的恒星 | 北河三（Pollux）、北河二（Castor）、井宿三（Alhena）、井宿一（Tejat Posterior）、井宿五（Mebsuta）、司怪二（Propus）、井宿四（ξ）

知名的星云·星团 | M35、NGC2392（爱斯基摩星云）

双子座的标志是由 1 等星北河三（Pollux）和稍暗的 2 等星北河二（Castor）两串星星形成的队列。这两颗星分别代表双子兄弟，但更亮一些的北河三其实是弟弟。

在希腊神话中，兄弟俩是神和人结合所生的双胞胎，哥哥卡斯托尔继承了人类的血，弟弟波吕克斯继承了神的血。因此，波吕克斯拥有不死之身。两人长大后十分要好，一同乘上了"阿尔戈"号开始了盛大的冒险。然而某天，哥哥卡斯托尔却在战斗中殒命。波吕克斯万分悲痛，向天神祈祷，希望能用自己的性命换回哥哥。天神宙斯听闻后，便将双胞胎升为天上的星座。两人每年都有一半时间住在神之国，另外半年则住在人间。

12 月中旬：凌晨 0 时

1 月中旬：晚上 10 时

2 月中旬：晚上 8 时

双子座形状

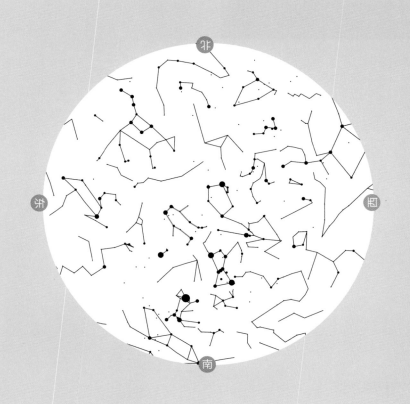

双子座位置

双子座的看点

亲密肩并肩的两颗星星是双子座的标志。日本将北河二称作"银星"，将北河三称作"金星"。两颗星星迷人的色泽也十分特别。北河二看起来是一颗星星，实际上却是由三对双星组成的六合星，十分有名❶。

摄影／［日］藤井旭

❶北河三也是六合星。

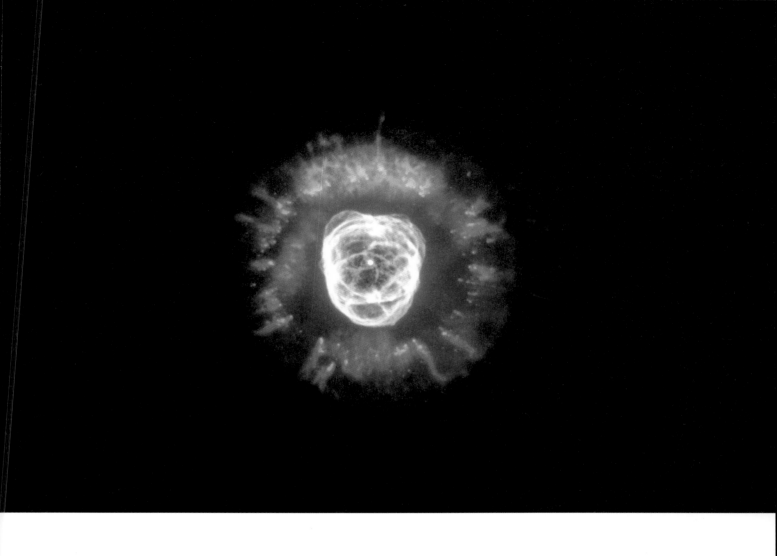

爱斯基摩星云

　　天体总是能够向我们展现令人意想不到的模样。你不觉得它很像戴着毛皮帽子的爱斯基摩人吗？爱斯基摩星云是一个行星状星云，太阳在 50 亿年后也会成为行星状星云。

　　提供／ NASA,ESA,Andrew Fruchter(STScI),and the ERO team(STScI+ST-ECF)

点 缀 澄 澈 冬 季 星 空 的 流 星

双子座流星雨

| Geminids Meteor Shower |

分类 | 流星雨

辐射点 | 双子座

母天体 | 法厄同（小行星）

　　每年会在固定时间出现的主要的流星雨约有十几个，其中流星数量尤其多的三个被称作"三大流星雨"，分别是 1 月的象限仪座流星雨、8 月的英仙座流星雨和 12 月的双子座流星雨。

　　每年 12 月 14 日前后，都会有大量流星划过冬季的夜空。双子座流星雨可以称得上是最适合为这一整年画上句号的天文活动了。它的辐射点位于双子座，双子座在这一时期升上夜空，一整晚都能够被观测到。而这一流星雨在天气条件较好的场所，每小时能够出现 20—30 颗，多的时候能够出现 50—100 颗流星。虽然 12 月已经很冷了，不过穿好大衣、围上围巾，做好御寒对策，让我们一起抬头仰望夜空吧！在闪烁的冬季星座中，若是能与划过天际的流星相遇，一定能够让我们忘记当下的寒冷。

12 月 14 日：凌晨 2 时前后

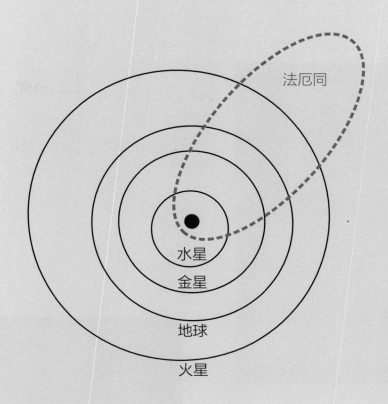

水星

金星

地球

火星

法厄同

母彗星的轨道

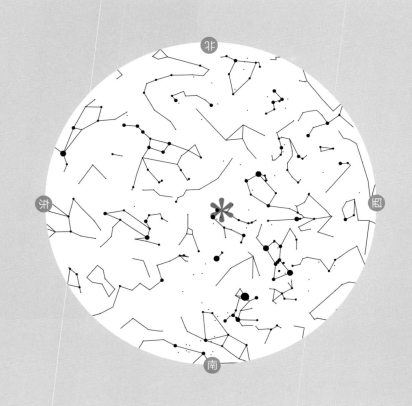

北

西

东

南

辐射点的位置

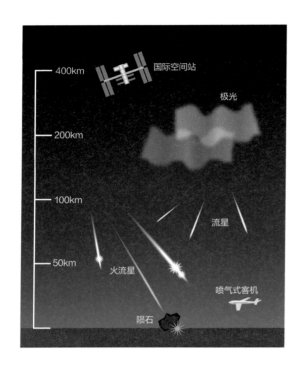

国际空间站
400km
极光
200km
100km
流星
50km
火流星
喷气式客机
陨石

流星飞行的高度

流星闪耀的高度位于海拔 50 千米到 100 千米的高空，低于国际空间站，宇航员低头向下望去便能够看到流星。流星的来源多为彗星上掉落的尘埃。

双子座流星雨的特征

双子座流星雨的彗星母体是小行星，十分罕见。大多数小行星都是位于火星轨道与木星轨道之间，以椭圆轨道绕太阳运动的。

摄影／［日］川村晶

双子座流星雨的辐射点

　　流星雨的特征是从星座的某一点（辐射点）出发向四面八方散去。双子座
流星雨的辐射点位于北河二附近。

一 年 之 初 带 来 好 运

元旦日出

| Sunrise on New Year's Day |

〈太阳〉分类 | 恒星

赤道半径 | 69.6 万 km（地球的 109.1 倍）

体积 | 地球 130.4 万倍

质量 | 地球的 332 946 万倍

密度 | 1.41g/cm³

重力 | 地球的 28.1 倍

表面温度 | 约 6000℃

最大亮度 | -26.8 等

自转周期 | 25.38 日

自转轴倾角 | 7.25 度

行星数 | 8

对于那些每天都在发生的天文现象，我们究竟给予了多少关注呢？早起看到的日出总是能令我们感动，其中又以元旦的日出为最，每年都有许多人会特意去看。太阳在地球上看去并不大，但它的直径却约是地球的 109 倍，质量则高达地球的约 33 万倍，是一颗巨大的恒星。

太阳自古以来便被神化，是对我们非常的恒星。太阳内部时刻都在进行着由氢原子转变为氦原子的聚变反应，产生着庞大的能量。我们人类所使用的大部分能量都是来自太阳的能量。太阳表面的温度为 6000 度，但核心部位能够达到 1600 万度的高温。400 多年前，意大利天文学家伽利略用望远镜观察太阳，并发现了太阳黑子。他发现太阳表面的黑子的位置每天都在发生着变化。

天体照片

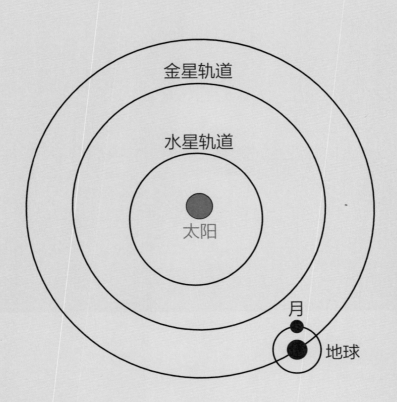

金星轨道

水星轨道

太阳

月

地球

天体位置

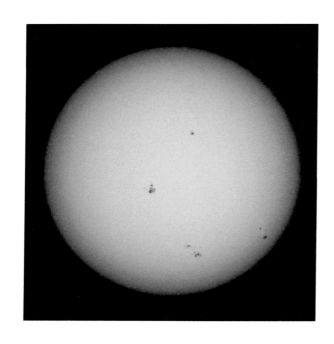

太阳黑子

　　黑子是磁场较强之处，温度约为 4000 度到 5500 度。黑子并不暗，但因为附近地区的温度高达 6000 度，因而看起来较黑。黑子会随着太阳自转自东向西移动。

　　摄影／〔日〕大熊正美

靠近地平线的太阳看起来更大吗

　　相较于高悬于天空的太阳，靠近地平线的太阳看起来是不是更大呢？这其实是眼睛的错觉。人类会把太阳和附近的山岭、建筑物相比较，从而得出靠近地平线的太阳看起来更大的结论。

　　摄影／〔日〕饭岛裕

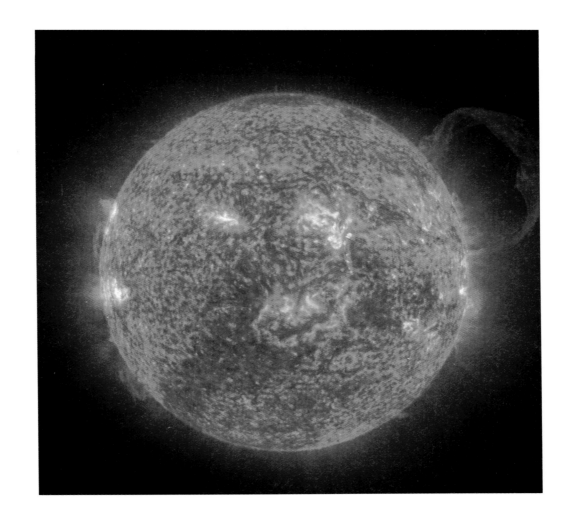

探测器捕捉到的太阳

太阳看起来总是很稳定，不过在它的表面会出现日珥（太阳表面跳起的火舌）和耀斑（爆发现象）。太阳虽然依靠聚变反应在持续发光，但再过约 50 亿年就会变为白矮星，最终平静地结束自己的一生。

提供／SOHO

需 要 熬 夜 看 的 年 初 的 流 星

象限仪座流星雨

| Quadrantids Meteor Shower |

分类 | 流星雨

辐射点 | 牧夫座

母天体 | 2003EH1（彗星）

（推测）

　　象限仪座流星雨是元旦期间出现的流星雨。在开始前几天便会有零星几颗流星划过夜空，到了1月4日前后将会迎来流星出现的顶峰。在日本，元旦的时候街上照明较平时更少，正适宜观察流星雨。它的辐射点升起时已是深夜，而流星则在黎明时出现量较大，凌晨3时前后到天亮前是比较适宜的观赏时间。

　　流星雨从辐射点向四面八方散去，我们无法预测它会在哪里出现。所以在观察时最好是放眼整片夜空。流星中也会有一些较暗的，如果想要多看见几颗流星，关键是要前往天气条件较好的场所。

1 月 4 日：凌晨 2 时 30 分左右

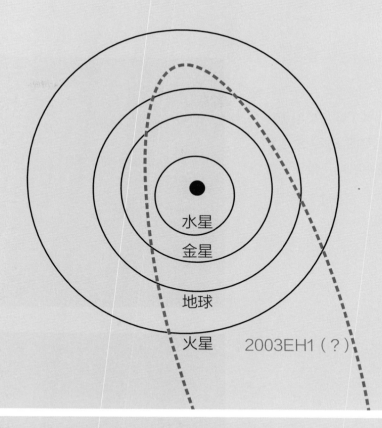

水星

金星

地球

火星　　2003EH1（？）

母彗星的轨道

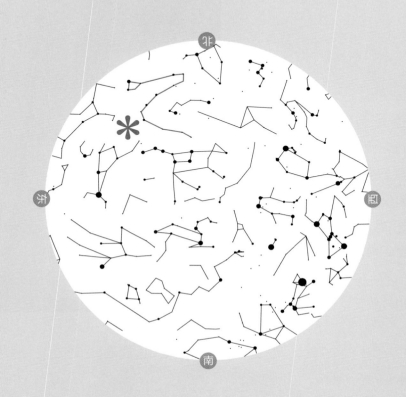

辐射点的位置

象限仪座是什么

"象限仪座流星雨"的"象限仪"究竟是什么呢？它其实是测量天体角度的工具。确定象限仪座的是 18 世纪的法国天文学家拉郎德，位于如今的天龙座附近，但现在这个星座已经不存在了。

摄影／〔日〕藤井旭

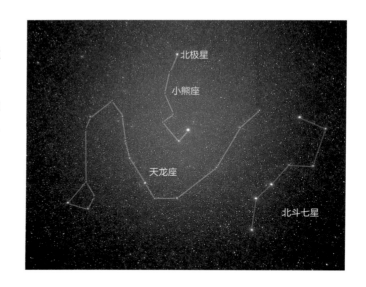

象限仪座流星雨的特征

峰值持续时间较短，只有数小时，流速较快是象限仪座流星雨的特征。作为流星来源的尘埃会以每秒数千米到数十千米的速度与地球大气相撞。象限仪座流星雨的彗星母体直到现在还是一个谜，但人们猜测可能是彗星 2003EH1，它的高度距地面有 150 千米至 100 千米。

摄影／〔日〕川村晶

象限仪座流星雨的辐射点

　　辐射点位于牧夫座和天龙座的交界处，命名源自曾经存在的象限仪座。在距离流星雨辐射点较远的地方，我们能够看到拖着长长尾巴的流星。

在地球轨道内侧运动的行星

内行星 | 水星 · 金星

太阳系有八大行星，它们的运行轨道以太阳为中心，基本呈同心圆。在地球轨道内侧运动的行星被称作"内行星"，有两颗，分别是水星和金星。水星（Mercury）命名自神的使者墨丘利，因为水星绕太阳运行的速度很快，每88日便能绕太阳一周。水星是距离太阳最近的行星，但却并不炎热，因为水星上没有大气，它接受阳光照射，处于白天的一面温度可达423度，处于夜晚的一面温度则为零下183度。昼夜温差达到了600度以上。

金星大气的主要成分是二氧化碳，表面温度超过463度，是一颗炎热的行星。金星的气压也很高（90倍大气压），探测器在抵达金星地表之前就会被压碎。人们过去认为金星和地球十分相似，但现在我们已经发现它是太阳系中环境最为恶劣的行星。金星命名自美神维纳斯，不过还是在地球上欣赏它是最美、最安全的。

在地球公转轨道内侧运动的水星和金星，只有位于距离太阳较近的地方时才能被我们观测到。而当它们与太阳处于同一方向时（内合、外合），太阳会过于明亮导致我们难以观测到。因此，我们能够看到水星、金星的时刻，是它们位于太阳西侧的日出之前，以及它们位于太阳东侧时的夜晚的西方天空。

地球不会进入太阳与水星、太阳与金星之间，因而在地球上无法看到水星和金星位于太阳反方向的样子，我们无法在夜间观测到水星和金星。

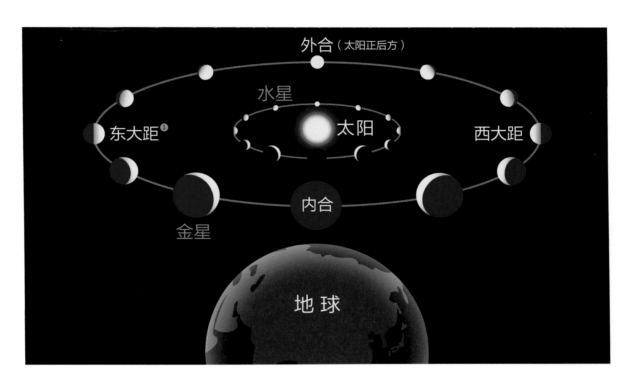

外合（太阳正后方）

水星

太阳

东大距●

西大距

内合

金星

地球

●从地球上看，离太阳最远的那一点，称为大距。

内行星的运动与圆缺

　　当水星和金星远离太阳时，我们是看不到它们的。我们只能在太阳落山后的西方低空，或是太阳升起前的东方低空看到内行星。它们距离太阳最远的时候最有看头。用望远镜观测，我们还能看到它们的圆缺。

金星合月

　　在西方闪耀的一弯明月与夜空中最亮的金星，偶尔会在夜间相会。金星合月现象在城市地区的明亮夜空中也是极为夺目的。

　　摄影／［日］饭岛裕

水星

水星的一天约相当于地球上的 59 天。它的表面有许多类似于月球的环形山。

提供／NASA/Johns Hopkins University Applied Physics Laboratory/Carnegie Institution of Washington

金星

金星上空存在着被称为超级气旋的暴风。金星的自转方向与其他行星不同，因而在金星上看，太阳是西升东落的。

提供／NASA

春季大三角

| *Spring Triangle* |

〈 春季大三角 〉分类 | 星空标志

构成恒星 | 大角星（牧夫座）、五帝座一（狮子座）、角宿一（室女座）

　　寒冬落幕，和煦的春风拂面，又到了春季观星的好时节。在北方高悬的北斗七星是大熊座的尾巴。沿着尾巴划一道弧线，将牧夫座的大角星、室女座的角宿一一并连起，就绘出了"春季大曲线"。将这条曲线继续延长，就是乌鸦座了。在广袤天空中画一道曲线，心情也会随之舒畅起来。位于室女座附近的后发座，是希腊神话中埃及王后伯伦尼斯二世为了祈祷丈夫在战争中一切顺利而向祭坛献上的秀发。南方的天空有长蛇座，其跨越范围达到了 100 度，是八十八个星座之中最大的。长蛇座之上还有巨爵座、乌鸦座、六分仪座。大角星、角宿一、和狮子座的五帝座一连起形成三角形，便是"春季大三角"了。

　　来吧，让我们一起去寻找春季的星座吧。

3 月中旬：凌晨 0 时

4 月中旬：晚上 10 时

5 月中旬：晚上 8 时

星座形状

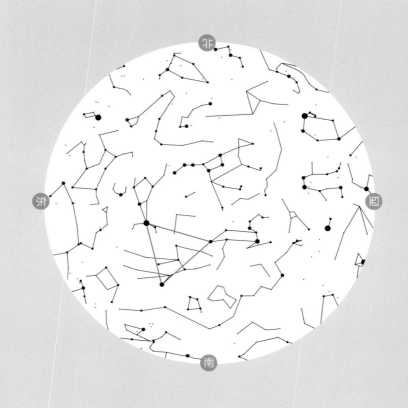

星座位置

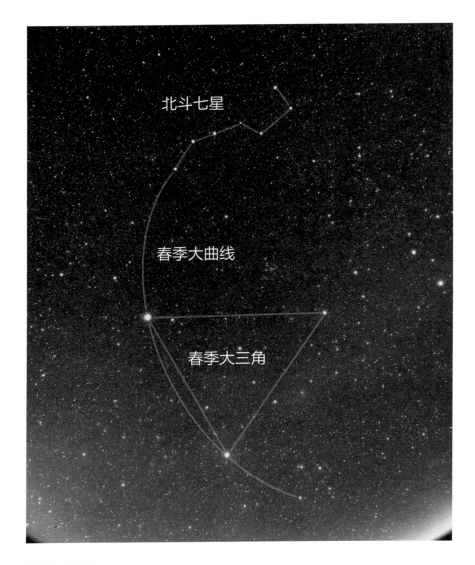

春季大曲线

北斗七星的勺柄与橙色的大角星、青白色的角宿一连成的曲线被称为春季大曲线。牧夫座的大角星与室女座的角宿一在日本被称为夫妇星。大角星是晒黑了的男性，角宿一是皮肤白皙的女性，甜蜜地在春季夜空中放闪。

摄影／［日］藤井旭

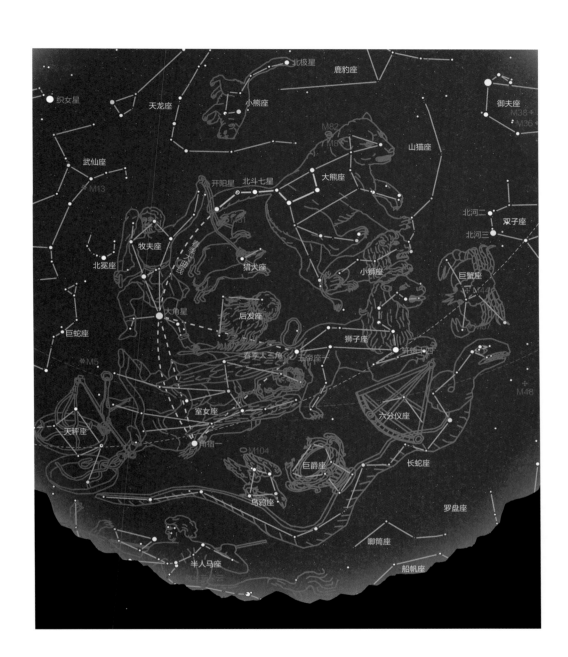

3 月中旬：凌晨 0 时
4 月中旬：晚上 10 时
5 月中旬：晚上 8 时
6 月中旬：晚上 6 时

3—5月	拖 着 长 尾 巴 的 亲 子

大熊座·小熊座

春季星空

| Ursa Major · Ursa Mino |

　　到了春天，冬眠了许久的大熊、小熊也缓缓现身了。大熊座的标志是位于北部天空的北斗七星。北斗七星代表着大熊座的背部与尾部。通过北斗七星可以找到北极星，它是小熊座的尾星。

　　希腊神话中，大熊原本是侍奉女神阿尔忒弥斯的妖精卡力斯托。她被天神宙斯看上并有了身孕。后来，知道这件事的天后赫拉气愤地施咒将卡力斯托变成了一头熊。卡力斯托儿子名为阿卡斯，有一天，阿卡斯出门狩猎，遇到了大熊，但他并不清楚大熊便是自己的母亲。卡力斯托出于怀念忍不住奔向阿卡斯，阿卡斯却张弓意图射杀卡力斯托。天神宙斯看到这幅光景，便将阿卡斯化作小熊升到天上。母子俩如今仍旧和睦地生活在夜空中。

〈大熊座〉**分类** | 托勒密四十八星座

赤经 | 11h00m

赤纬 | +58°

晚上 8 时抵达上中天的日期 | 5月 3 日

明亮的恒星 | 玉衡星（Alioth）、天枢星（Dubhe）、摇光星（Alkaid）、开阳星（Mizar）、天璇星（Merak）、天玑星（Phecda）、内阶增九（π）、下台一（Tania Australis/ν）、上台一（Talitha/ι）、文昌四（θ）、天权星（Megrez）、内阶一（Muscida/ο）、中台一（Tania Borealis/λ）、三台五（Alula Borealis/ν）

知名的星云·星团 | M81、M82、M97、M101、M108、M109

3 月中旬：凌晨 0 时
4 月中旬：晚上 10 时
5 月中旬：晚上 8 时

〈小熊座〉**分类** | 托勒密四十八星座

赤经 | 15h40m

赤纬 | +78°

晚上 8 时抵达上中天的日期 | 7月 13 日

明亮的恒星 | 勾陈一（Polaris/北极星）、北极二（Kochab）、北极一（Pherkad）

知名的星云·星团 | 无

5 月中旬：凌晨 0 时
6 月中旬：晚上 10 时
7 月中旬：晚上 8 时

大熊座形状

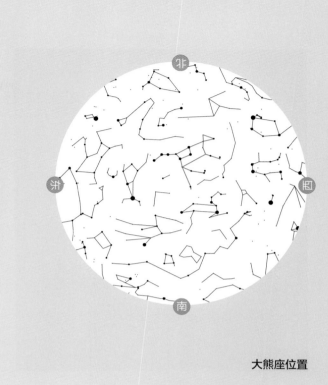

大熊座位置

小熊座形状

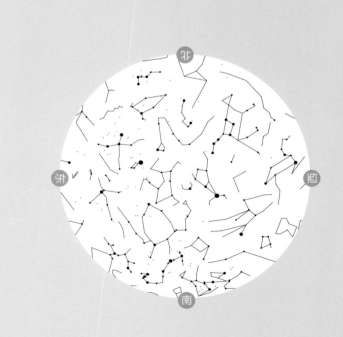

小熊座位置

大熊座·小熊座的看点

　　将北斗七星的勺子外侧边的两颗星星连起来，延长五倍，能够看到一颗 2 等星，那就是北极星。北极星也被称作"子星❶"是十二支之首的"子"，指示的是北的方向。因为总是能够为我们指明北方，因而也被称作"指北星"。

　　摄影／［日］藤井旭

❶ 中国则有别称北辰、紫宫、紫微垣。

狮子座

牧夫座

猎犬座

北冕座

小狮座

北斗七星

天龙座

大熊座

小熊座

M82

天猫座

北极星

仙王座

御夫座

鹿豹座

仙后座

银河系外的大星团 M82

　　我们使用小型望远镜就能够看到位于大熊座头颅附近的 M82，它是位于银河系之外的星系。在春季星空中是看不到银河系的，我们也因此能够看到许多遥远的星系。

　　提供／ NASA,ESA, and The Hubble Heritage Team (STScI/AURA)

3—5月

春季星空

牧夫座·猎犬座

| Bootes · Canes Venatici |

沿着"春季大曲线"能够找到牧夫座的大角星（Arcturus），含有"大熊守望者"之意，因为大角星看起来仿佛在守护北方星空中的大熊座、小熊座一样。不过仔细观察就能够发现，牧夫座并没有面向大熊、小熊，他没有专心工作，反而被一旁镶嵌着七颗宝石的北冕座夺去了心神。但大家不必担心，牧夫座牵着两条猎犬，它们会认真地看管好大熊、小熊，这就是另一个星座猎犬座。

牧夫座的标志是由大角星开始连成的领带。猎犬座的标志则是常陈一。常陈一（Cor Caroli）意为"查理的心脏"，据说是由发现了哈雷彗星的知名天文学家哈雷以查理二世的名字命名的。

〈牧夫座〉分类｜托勒密四十八星座

赤经｜14h35m

赤纬｜+30°

晚上8时抵达上中天的日期｜6月26日

明亮的恒星｜大角星（Arcturus）、梗河一（Pulcherrima）、右摄提一（Muphrid）、招摇（Seginus）、七公七（δ）、七公增五（Nekkar）

知名的星云·星团｜无

4月中旬：凌晨0时
5月中旬：晚上10时
6月中旬：晚上8时

〈猎犬座〉分类｜赫维留7星座

赤经｜13h00m

赤纬｜+40°

晚上8时抵达上中天的日期｜6月2日

明亮的恒星｜常陈一（Cor Caroli）

知名的星云·星团｜M3、M51（涡状星系）、M63、M94、M106

3月中旬：凌晨0时
4月中旬：晚上10时
5月中旬：晚上8时

牧夫座形状

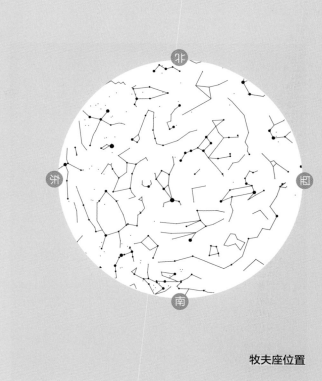

牧夫座位置

猎犬座形状

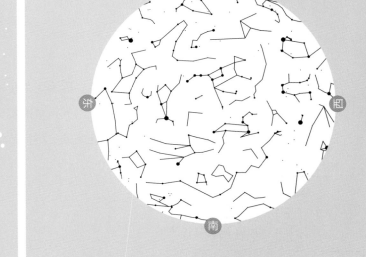

猎犬座位置

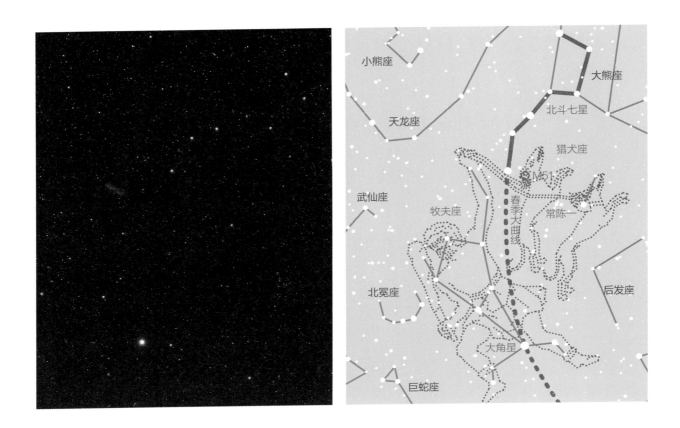

牧夫座·猎犬座的看点

　　牧夫座的看点是橙色的大角星。在日本，因为大角星出现在需要
割麦穗的 6 月，因而被称作麦星。这么一说，大角星确实是呈啤酒般
的小麦色呢。大角星也因自行运动（天体在天球上进行移动的运动）
幅度大而知名。

　　摄影／［日］藤井旭

涡状星系 M51

猎犬座的 M51 由两个星系联结而成，看起来就像是一对亲子，由其形态而得名"涡状星系"。宇宙中存在着许多类似这样的星系相撞、相融合的例子。

提供／NASA, ESA,S. Beckwith (STScI), and The Hubble Heritage Team (STScI/AURA)

施 予 恩 惠 的 春 之 女 神

室女座

| Virgo |

　　"春季大曲线"上的室女座的角宿一呈青白色，十分美丽，因此它也被称作"珍珠星"。角宿一属于室女座，室女座则由角宿一出发，呈一个横趟的 Y 字形。

　　希腊神话中，室女座是农业女神德墨忒尔。德墨忒尔和自己的独生女珀耳塞福涅幸福地生活在一起。冥王哈迪斯某天突然将珀耳塞福涅掳走。德墨忒尔想尽办法救回了女儿，但一年之中仍有四个月，珀耳塞福涅不得不回到冥界居住。这四个月，德墨忒尔由于过于悲痛而离开了人间，农业女神消失的四个月，也是世间作物无法生长的冬季。关于室女座的传说很多，还有人说它是正义女神阿斯特蕾亚。

〈室女座〉分类｜黄道十二星座、托勒密四十八星座

赤经｜13h20m

赤纬｜-02°

晚上 8 时抵达上中天的日期｜6 月 7 日

明亮的恒星｜角宿一（Spica）、东上相（Porrima）❶、东次将（Vindemiatrix）❷、角宿二（Heze）、东次相（Minelauva）❸

知名的星云·星团｜M49、M58、M59、M60、M61、M84、M86、M87、M89、M90、M104（草帽星系）、NGC4567、NGC4568

❶即太微左垣二。
❷即太微左垣四。
❸即太微左垣三。

4 月中旬：凌晨 0 时
5 月中旬：晚上 10 时
6 月中旬：晚上 8 时

室女座形状

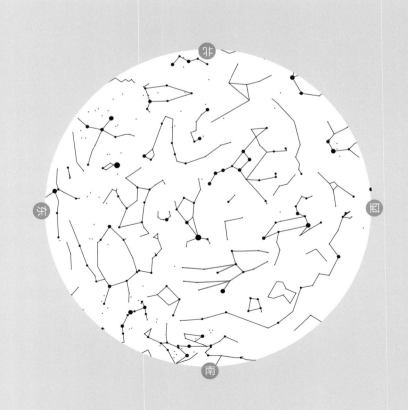

室女座位置

室女座的看点

室女座有许多恒星数量达数千亿颗的星系。M104 被称为"草帽星系",草帽指的是墨西哥的阔边草帽。我们还能看到 NGC4567 和 NGC4568 这两个螺旋星系相撞的场景。在浩瀚宇宙中,星系相撞的现象绝不罕见。

摄影／［日］藤井旭

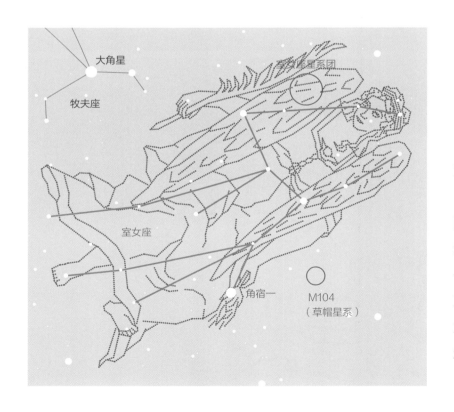

大角星

牧夫座

室女座星系团

室女座

M104
（草帽星系）

角宿一

室女星系团 ▶

春季星空中看不到银河系,因此我们能够不受遮蔽地看到银河系外的遥远宇宙。春季的夜空也被称作观察宇宙之窗。室女星系团距离地球约有 6000 万光年,直径约 1200 万光年,其中约有 2500 个星系。

摄影／［日］吉田隆行

3—5月

春季星空

狮子座

| Leo |

狮子座是古代巴比伦与埃及王权的象征，历史悠久。在希腊神话中，它是勇者赫拉克勒斯挑战过的尼米亚的食人狮。赫拉克勒斯因为受到诅咒而犯下了罪孽，为了赎罪而进行了 12 项冒险。第一场冒险便是打败这头食人狮。赫拉克勒斯花费三天三夜终于击败了狮子，狮子也升入天空成了星座。

狮子座的标志是从头部延伸到心脏位置的翻转过来的问号形状。心脏位置的星星是 1 等星轩辕十四，意为"小国王"，与狮子百兽之王的身份相符。尾部的恒星则是五帝座一。将狮子座的恒星全部连接起来，就会形成一幅清晰的侧卧狮子像。

〈狮子座〉分类｜黄道十二星座、托勒密四十八星座

赤经｜10h30m

赤纬｜+15°

晚上 8 时抵达上中天的日期｜4 月 25 日

明亮的恒星｜轩辕十四（Regulus）、轩辕十二（Algieba）、五帝座一（Denebola）、西上相（Zosma）❶、轩辕九（Algenubi/ε）、西次相（Chertan）❷、轩辕十一（Adhafera）、轩辕十三（Al Jabhah/η）

知名的星云·星团｜M65、M66、M95、M105、NGC3628

❶即太微右垣五。
❷即太微右垣四。

2 月中旬：凌晨 0 时
3 月中旬：晚上 10 时
4 月中旬：晚上 8 时

狮子座形状

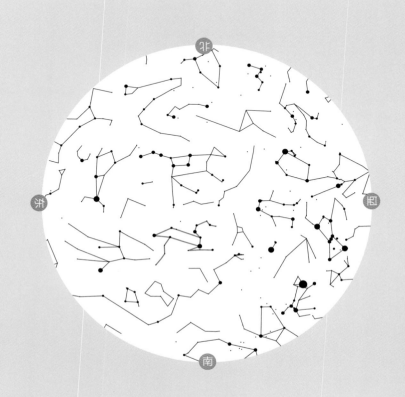

狮子座位置

狮子座和室女座、后发座一样，拥有许多星系。狮子座后腿根位置有三个著名的星系，并称为"狮子座三胞胎"。

摄影／［日］藤井旭

后发座　大熊座　小狮座

巨蟹座τ

M66
狮子座星系

室女座

狮子座　　轩辕十四

六分仪座　　长蛇座

巨爵座

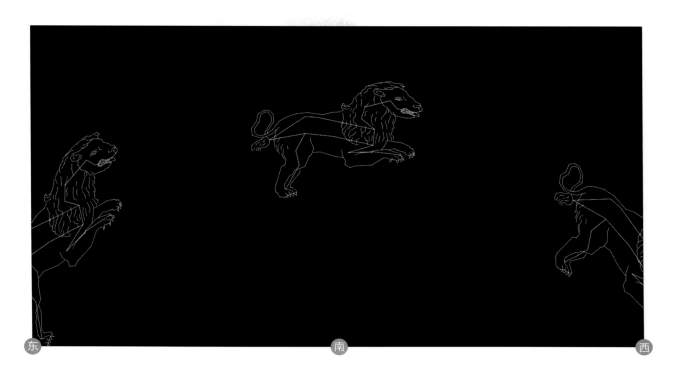

东　　　南　　　西

自东向西跳跃的狮子座

　　划过南方天空的星星，看起来就像是自东方升起、划过南方、最后向西方落下。这种运动被称作周日视运动，是因为地球自转而产生的视觉上的运动。狮子座于傍晚自东方腾起，越过南部的夜空，最后在西方落下。

狮子座附近众多星系之一 M66

　　M66 位于狮子后足附近。使用望远镜观察时，我们还能看到它附近的 M65 和 NGC3628。狮子座附近存在着许多星系。

　　提供／NASA,ESA and the Hubble Heritage Team

3—5月

春季星空

有 些 内 敛 的 星 座

巨蟹座

| *Cancer*

〈巨蟹座〉分类｜黄道十二星座、托勒密四十八星座

赤经｜08h30m

赤纬｜+20°

晚上 8 时抵达上中天的日期｜3 月 26 日

明亮的恒星｜无

知名的星云·星团｜M44（鬼星团[1]）、M67

[1] 又称蜂巢星团。

　　巨蟹座内的恒星都较为暗淡，可以说是十二星座中最"低调"的星座了。希腊神话中，巨蟹是与勇者赫拉克勒斯对战的海蛇（海德拉）的帮手，却被赫拉克勒斯一脚踩扁了。最为可悲的是，赫拉克勒斯甚至都没有意识到自己踩死了巨蟹。

　　如果前往天气条件较好的地方观星，巨蟹座是极为推荐的星座。由蟹壳上的 4 颗星组成的四边形在我国古代被称为"鬼宿"。

　　M44 蜂巢星团位于四边形内部，它是蟹壳上一闪一闪的疏散星团，使用双筒望远镜观测时，它就像是镶嵌在夜空中的宝石一般闪耀夺目。

1 月中旬：凌晨 0 时

2 月中旬：晚上 10 时

3 月中旬：晚上 8 时

巨蟹座形状

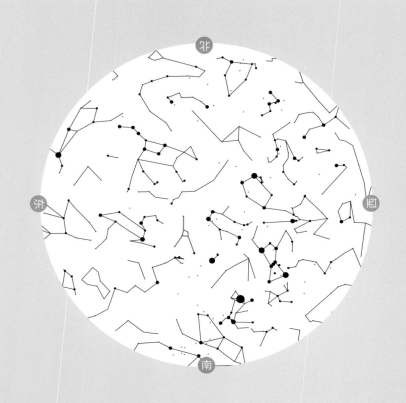

巨蟹座位置

巨蟹座的标志是由4颗恒星组成的四边形和构成蟹腿的星星。我们还可以通过它位于相对明亮的狮子座和双子座之间来记住它。四边形中散发着朦胧光芒的"鬼星团"也很值得一看。巨蟹座右上的明亮恒星是双子座的北河三，右下的明亮恒星是小犬座的南河三。

摄影／〔日〕藤井旭

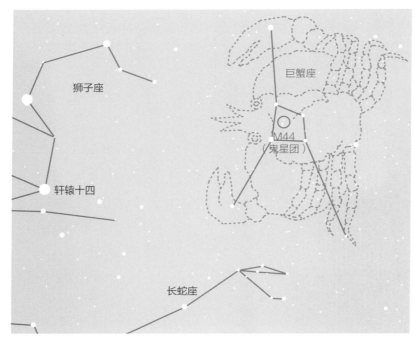

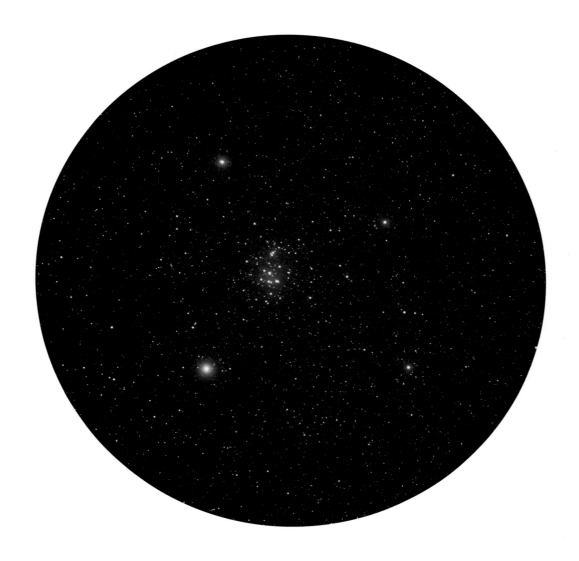

鬼星团

　　肉眼望去，鬼星团看起来十分模糊，自古以来人们便将其看作是类云的天体。而发现它其实是恒星集团的人是伽利略。鬼星团内部的恒星超过 40 颗，是一个疏散星团。

　　摄影／〔日〕藤井旭

在地球轨道外侧运动的行星

外行星 | 火星・木星・土星・天王星・海王星

　　太阳系中，在地球轨道外侧运行的星星被称为"外行星"。外行星有 5 颗，分别是火星、木星、土星、天王星、海王星。冥王星曾经也属于行星，但现在已经被归为矮行星。行星正如其名，是在夜空中徘徊彳亍的星星。例如，木星是以 12 年为周期绕太阳公转的，看起来就像是花了 12 年在星座之间运动一般。它的轨道看上去与太阳走过的路线"黄道"几乎重合，木星每年将会路过一个生日星座。行星离地球较近时看上去大而明亮，离地球较远时则小而昏暗。火星、木星、土星比一些亮星看上去更加明亮，在城市的夜空中也能够轻易找到。但能够观测到它们的地点会随着时间而变化，在观察前务必先通过杂志、网站、软件或手机应用软件进行确认。

　　自古以来，人们便将 7 作为一个能够带来好运的数字，这正是来源于太阳、月亮、水星、金星、火星、木星、土星这 7 颗天体。星期的命名也使用了这 7 颗星的名字❶。

❶我国古代、韩国、日本、朝鲜用此方法，称每星期的星期日到星期六分别为：日曜日、月曜日、火曜日、水曜日、
　木曜日、金曜日、土曜日，分别对应太阳、月亮、火星、木星、水星、金星、土星。这一用法可以上溯至古巴比伦，
　太阳神沙马什主管星期日，称日曜日；月亮神辛主管星期一，称月曜日；火星神涅尔伽主管星期二，称火曜日；水
　星神纳布主管星期三，称水曜日；木星神马尔都克主管星期四，称木曜日；金星神伊什塔尔主管星期五，称金曜日；
　土星神尼努尔达主管星期六，称土曜日。古罗马文明、盎格鲁－撒克逊文明对星期的叫法及其与太阳系天体的对应
　也基本与之相同。

天王星为 6 等星，海王星为 8 等星，相较其他行星，它们不那么容易通过肉眼观察到，但通过望远镜是足以看到的。它们位于太阳东侧时在夜晚的西方天空也能被看到。

　　地球不会进入太阳与水星、太阳与金星之间，因而在地球上无法看到水星和金星位于太阳反方向的样子，我们无法在夜间观测到水星和金星。

土星

　　土星应该是最受欢迎的行星了。使用小型的望远镜就能够观测到土星环，它的真面目是无数的冰与岩石。从地球上看，土星环的倾斜角度会以约 29 年为周期变化。土星的组成元素中氢的比例很大，因而土星的比重小于水，如果能把土星放入一个大水池，它可能会漂浮在水面上。

　　提供／NASA and The Hubble Heritage Team (STScl/AURA)

火星

夜空中尤为夺目的赤红火星命名自战神马尔斯。火星每 2 年零 2 个月接近地球一次。望远镜中观测到的火星，有着黑色的纹路，极地还覆盖着白冰。

提供／ NASA/J.Bell(CornellU.)/ M.Wolff(SSI)

木星

木星是太阳系中最大的行星，直径约为地球的 11 倍。包括伽利略发现的 4 颗卫星在内，人们已经发现了共计超过 60 颗木星的卫星。木星最大的特征是表面的条纹，那是木星上的云。通过天体望远镜，我们可以观察到伽利略卫星和木星的条纹。

提供／ NASA/JPL/Science Institute

天王星

天王星是于 1781 年偶然间被发现的行星。自转轴相对于公转轴几乎是横躺着的，在行星之中极为罕见，人们认为它过去可能受到过强烈的冲撞。我们目前已经发现了 11 个天王星环。

提供／NASA

海王星

海王星是于 1846 年发现的行星。海王星看起来是蓝色的，因为它含有大量甲烷。甲烷能够吸收红光，使得海王星看起来呈蓝色。

提供／NASA

大 航 海 时 代 发 现 的 全 新 星 座

南半球星空

| Starry sky of the Southern hemisphere |

八十八星座中，有一些在北半球国家是无法看到的。因为在北半球观察星空时，它们一年到头都不会升至地平线之上。2 世纪时，埃及天文学家托勒密定下的星座有 48 个，并未包含靠近南天极的星座。新的星座直到 15 世纪至 16 世纪初的大航海时代才发现。这一时期，无数船员们为了寻找新大陆扬帆起航，驶向南半球，他们终于见到了过去闻所未闻的南半球的繁星。南天星座的绝大多数都是由拉卡伊和拜耳两位天文学家制定的。大名鼎鼎的南十字座附近有苍蝇座，盯紧苍蝇座的则是蝘蜓座，还有孔雀座、杜鹃座、天燕座、剑鱼座等，南半球独有的鸟类、动物星座引人入胜。显微镜座、唧筒座、时钟座这些代表了当时最尖端机器的星座也极具特色。

老人星

大麦哲伦星云

小麦哲伦星云

南天极
十

 南十字座

星座·天体的形状

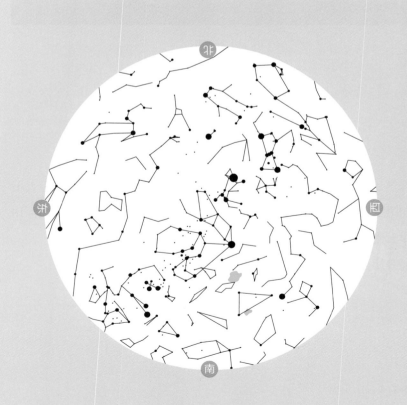

星座·天体的位置

小麦哲伦星云

大麦哲伦星云

老人星

大小麦哲伦星云

南半球的人们一直以来都将"大小麦哲伦星云"称作"大云"和"小云"。但大小麦哲伦星云其实并非星云,而是位于银河系外的小型星系。大麦哲伦星云距地球约 16 万光年,小麦哲伦星云则距离地球 20 万光年。

摄影／〔日〕藤井旭

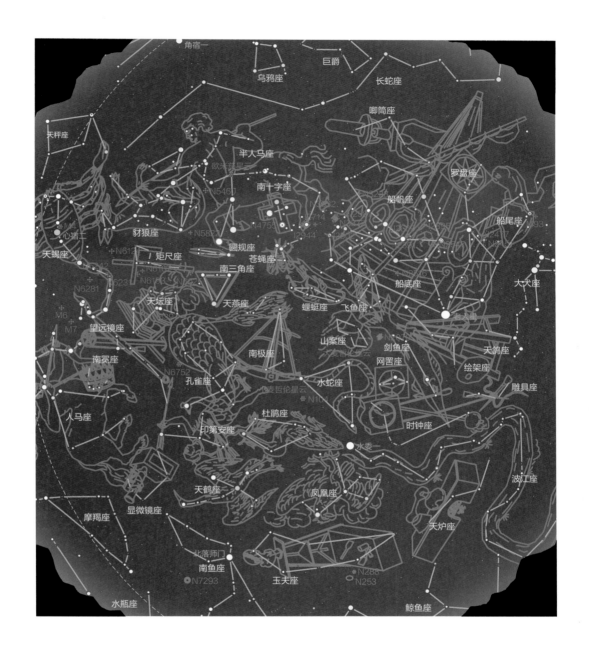

角宿一
巨爵
乌鸦座
长蛇座
唧筒座
天秤座
罗盘座
半人马座
欧米茄星
南十字座
船帆座
船尾座
豺狼座
N5822
圆规座
N4755
N4833
苍蝇座
船底座
大犬座
心宿二
矩尺座
南三角座
天蝎座
N6132
老人星
N6281
N623
N6167
天坛座
天燕座
蝘蜓座
飞鱼座
M6
M7
望远镜座
山案座
剑鱼座
天鸽座
南冕座
南极座
网罟座
绘架座
小麦哲伦星云
水蛇座
雕具座
孔雀座
N6752
大麦哲伦星云
N104
印第安座
杜鹃座
时钟座
人马座
水委一
波江座
天鹤座
凤凰座
摩羯座
显微镜座
天炉座
北落师门
南鱼座
N288
N253
N7293
玉夫座
水瓶座
鲸鱼座

《 银 河 铁 道 之 夜 》 的 终 点 站

南十字座

| Crux |

〈南十字座〉分类 | 罗耶星座

赤经 | 12h20m

赤纬 | -60°

晚上 8 时抵达上中天的日期 | 5 月 23 日

明亮的恒星 | 十字架二（Acrux）、十字架三（Becrux）、十字架一（Gacrux）、十字架四（δ）

知名的星云·星团 | NGC4755（珠宝盒星团）、煤袋星云

　　对于住在北半球的我们来说，最为憧憬亲眼看一次的星座，应当就是南十字座了。南十字座是八十八个星座中最小的星座，但就是这个南半球星空中最为夺目的十字架，曾经令无数船员神魂颠倒。

　　南十字座还能为人们指引方向。把南十字座纵向的星星连起并延伸 4.5 倍，这个位置就是南天极。南天极处并没有类似北极星的星星，它的正下方就是南方。如果南天极上有星星的话，应当就叫作"南极星"吧。南半球的星星以南天极为中心顺时针旋转。在日本冲绳县的南端是能够看到南十字座的，5 月份是最佳观赏时期。

3 月中旬：凌晨 0 时

4 月中旬：晚上 10 时

5 月中旬：晚上 8 时

南十字座形状

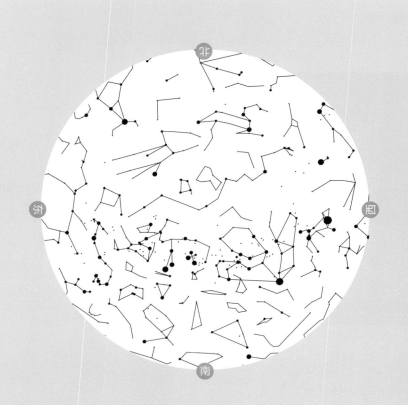

南十字座位置

南十字座的看点

这个星座也以"南十字星（Southern Cross）"之名为人们所熟知。在南半球的星空中闪耀的这四颗星是那么美丽，宫泽贤治也曾在童话《银河铁道之夜》提到过它们。十字架二东侧的黑洞洞的一片，是名为"煤袋星云（煤炭袋）"的暗星云。

摄影／〔日〕藤井旭

伪十字

南十字座是指示南天极方向的重要星座，在它的附近其实有一个名为"伪十字"的星座。伪十字的星座和南十字座极为相似，而且更大一些，大家要小心不要弄错了方向！大家去南半球游玩的时候，一定记得去找一找真正的南十字座。

摄影／〔日〕藤井旭

夜空中宝石箱 NGC4755

　　这是位于南十字座的疏散星团。星团内的群星色彩缤纷，有年轻
的青色恒星，也有年老的红巨星。

　　提供／ESO

半 人 马 猎 人 与 被 捕 杀 的 狼

半人马座·豺狼座

| *Centaurus · Lupus*

仿佛横跨南十字座的半人马座是希腊神话中登场的半身为人半身为马的半人马族。人马座也同样是半人马族。这两个星座都瞄准了天蝎座，半人马座与人马座相对，是从西方持长矛面对天蝎座的。

半人马座的东侧就是豺狼座。它看上去就像是被长矛插死了一般，有人说这就是半人马族献给众神的祭品。豺狼座曾经是半人马座的一部分，现在已经分化为独立的星座。这附近群星汇聚，十分绚丽。

〈半人马座〉分类｜托勒密四十八星座

赤经｜13h20m

赤纬｜-47°

晚上8时抵达上中天的日期｜6月7日

明亮的恒星｜南门二（Rigil Kentaurus）、马腹一（Hadar）、库楼三（θ）、库楼七（γ）、南门一（ε）、库楼二（η）、库楼一（ζ）、马尾三（δ）、柱十一（ι）、海山三（λ）、骑官三（κ）、衡一（ν）、衡二（μ）

知名的星云·星团｜ω星团、NGC5128

4月中旬：凌晨0时
5月中旬：晚上10时
6月中旬：晚上8时

〈豺狼座〉分类｜托勒密四十八星座

赤经｜15h00m

赤纬｜-40°

晚上8时抵达上中天的日期｜7月3日

明亮的恒星｜骑官十（α）、骑官四（β）、骑官一（γ）、骑官二（δ）、骑官六（ε）、车骑一（ζ）、积卒二（η）

知名的星云·星团｜无

5月中旬：凌晨0时
6月中旬：晚上10时
7月中旬：晚上8时

半人马座形状

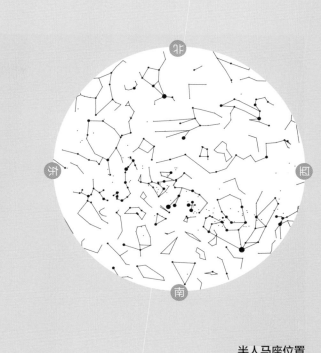

半人马座位置

豺狼座形状

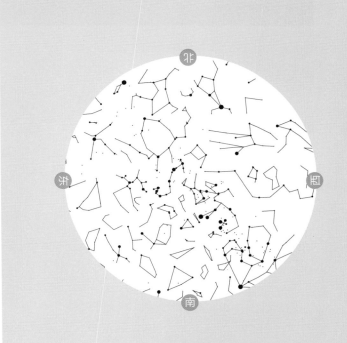

豺狼座位置

半人马座·豺狼座的看点

这片星空闪耀着青白色光芒的恒星很多，因为这里有许多在同一时期诞生的年轻恒星。它们被称作"天蝎—半人马星协"，向着宇宙中的同一个方向不断运动。

摄影／[日] 藤井旭

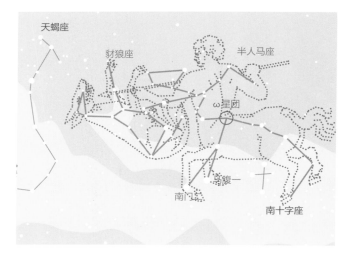

ω（欧米茄）星团

　　半人马座的 ω 星团是全天最大的球状星团。发现者埃德蒙多·哈雷当时以为它是
星云，其实它是一个有着超过 1000 万颗恒星的大型星团。

　　提供／European Southern Observatory

众 多 英 雄 们 所 乘 巨 船 的 遗 迹

船底座

| Carina |

〈船底座〉分类｜经拉卡伊拆分的托勒密四十八星座中的阿尔戈座

赤经｜08h40m

赤纬｜-62°

晚上8时抵达上中天的日期｜3月28日

明亮的恒星｜老人星（Canopus）、南船五（Miaplacidus）、海石一（ε）、海石二（ι）、南船三（θ）、海石五（υ）、南船四（ω）、PP、V337、V357、天社增一（x）

知名的星云·星团｜NGC3372（船底座 η 星云）

　　船底指的是船底部的骨架。它原本属于希腊神话中众多英雄们搭乘的阿尔戈号的星座——阿尔戈座。但阿尔戈座的体型过于庞大，天文学家拉卡伊于1763年将其分割为船尾座、船帆座、罗盘座、船底座4个星座。

　　"船底座"的老人星是全天第二亮的恒星（第一为天狼星）。当冬季星座大犬座出现在南部天空后，请将视线向下移去，这时在地平线附近的亮星便是老人星。它虽然是南天的恒星，但在日本是能够观测到的。但在北纬35度附近的地区，它的高度只有2度，日本福岛县（北纬38度）附近已经是观测极限，更北的地区是看不到它的。观测老人星的要诀在于，要在尽可能南的地区，选择南方地平线开阔的地点观测。如果在城市观测，则需要登上较高的建筑物才可能看到。

1月中旬：凌晨0时
2月中旬：晚上10时
3月中旬：晚上8时

船底座形状

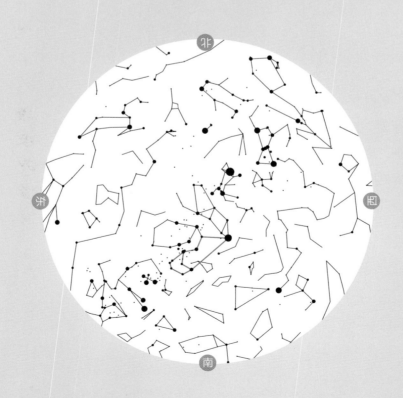

船底座位置

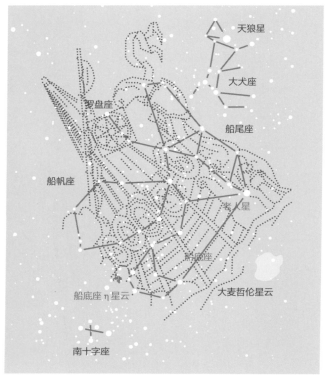

船底座（阿尔戈座）的看点

　　船底座的弥漫星云“船底座 η 星云”是由质量为太阳 100 倍的恒星释
放出大量气体形成的，这里诞生了许多星星。通过红外线观测，人们已经
发现在可见光无法看到的、被尘埃遮蔽的地方也存在着星体。

　　摄影／［日］藤井旭

能够看出爆发痕迹的船底座 η 星云

位于南十字星附近的船底座 η 星云拥有银河系内屈指可数的明亮恒星，船底座的星星位于其正中心。在这里还能够看到在 150 年前的爆发后产生的星云。

提供／NASA,ESA,and M.Livioand the Hubble 20th Anniversary Team(STScI)

南极老人星

在日本观测时，老人星刚从地平线曝光就马上又会沉下去，观测起来很有难度。中国将其看作七福神中的寿老人❶，认为它能带来好运，看到了便能够长寿。而在日本，因为老人星总是刚刚升起便迅速落下，故而又有着"偷懒星"这么个有趣的名字。

摄影／［日］藤井旭

冬季大三角

老人星

❶此为作者讹误。我国并无"七福神"的说法，"七福神"实为日本宗教中的崇拜对象，七位神明分别取自神道教、佛教、道教以及婆罗门教，"寿老人"也是七福神的名字，并非我国的叫法。我国一般称老人星为"寿星"，并与福星、禄星并称为"福禄寿三星"或"三星"。

矮行星 · 小行星 · 彗星

　　围绕太阳运动的不仅只有行星。矮行星、小行星、彗星这三种天体同样在围绕太阳运动。矮行星的体积与行星相当，形状呈球状。小行星体积远小于矮行星，形状不规则。矮行星与小行星都以近圆的椭圆轨道运动。彗星的轨道则为细长的椭圆、抛物线、双曲线，靠近太阳时会散发明亮的光芒，肉眼可见的彗星也不在少数。小行星的发现者拥有命名权，彗星也会被冠以发现者的名字。

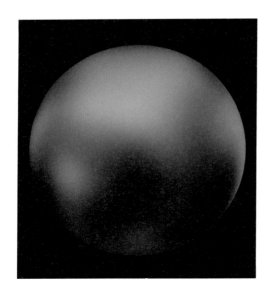

矮行星

　　此张图片为冥王星。2006 年 8 月，国际天文学联合会（IAU）大会通过决议，将冥王星定义为矮行星，冥王星由此从行星变为矮行星。凭借自身引力形成圆球状的、行星以外的属于太阳系的天体被定义为矮行星。

　　提供／ NASA,ESA,andM.Buie/Southwest Research Institute

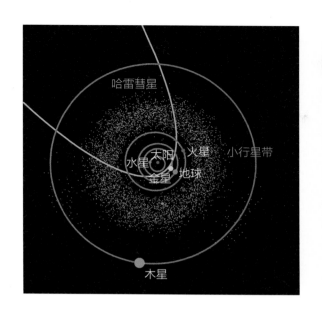

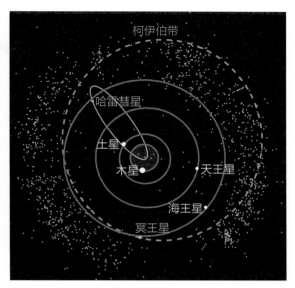

小行星带、柯伊伯带

　　火星轨道与木星轨道之间存在着无数小行星，这里被称作"小行星带"。在小行星带之外也存在着小行星。小行星探测器"隼鸟号"抵达的小行星"糸川"的轨道离地球很近。而在海王星轨道之外，有一条柯伊伯带，那里被称作彗星的故乡。

彗星

　　彗星由岩石和冰构成，在接近太阳表面融化，释放出尘埃和气体，这些尘埃和气体被称为彗尾。因为形态近似扫把，因而彗星也被称为"扫把星"。周期彗星每数年或数百年绕太阳一周，也有一些彗星在抵达太阳一次之后便不会再回来。

　　摄影／〔日〕大熊正美

星空的观察

确定想要观察的星星之后，可以通过活动星盘或是便利的手机应用来寻找它。
暗淡的星星、星云或是星团通过双筒望远镜、望远镜观察，看起来也会更大、
更亮。而拍摄星星实际上也很简单。

周 日 视 运 动 与 周 年 视 运 动

周游的群星

因地球自转产生的"周日视运动"

　　如果我们盯着夜空一直看，那么随着时间的流逝，我们会发现星星正在空中慢慢地移动。星星和月亮、太阳一样会从东方升起，划过南方的天空，最后在西方落下。到了第二天晚上，它们又会重复这一过程。星星、月亮、太阳看起来仿佛每天都会绕地球运动一周一般，这种运动被称为"周日视运动"。但是实际上，运动的并非星星，而是地球。因为地球会自行旋转（地球自转），所以对于身处地面的我们而已，看上去就像是星星、月亮、太阳在运动一样。

因地球公转产生的"周年视运动"

　　星体位置因每天时间流逝而变化的运动叫作"周日视运动"，星体位置还会随季节变换而改变，这种运动被称作"周年视运动"。也就是说，我们在同一时间、同一方向所看到的星座，会因春、夏、秋、冬的变换而不同。在北半球，每天晚上在南方天空出现的星座是不同的，夏季是人马座，秋季是双鱼座，冬季是双子座，春季是室女座。周年视运动的成因是地球的公转。地球在绕太阳运动时，地球所看到的是太阳的反方向，也就是夜晚一侧的星座会随季节而变化。

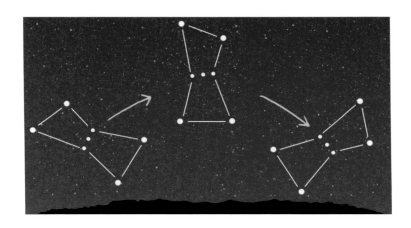

周日视运动

　　周日视运动是因地球自转产生的。地球每24小时自转一周，星星则会以每小时约15度（360度÷24小时）的速度移动。

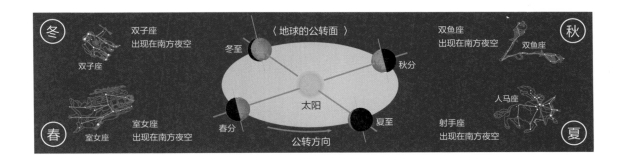

周年视运动

　　地球每365天公转一周，星星每天则移动约1度的距离，并在一年后回到原位。周年视运动还会使得夜空中所见的星座以一年为周期变化。

观察星空的
基础知识 2 | **了解天体的位置**

"天球"是包裹地球的假想的球体

地球与各个天体之间的距离不尽相同，但当我们抬头望去时，所有的天体看起来都仿佛位于一个巨大的球形天花板上一般。这个距离一定、只存在方位（角度）概念的假想球体被称为"天球"。

指示天球上位置的两个"坐标系"

以"方位"和"高度"指示地面所见星体位置的坐标系叫作"地平坐标系"。它是凭借我们日常感觉便能够轻松理解的坐标系。

与之相对的，以地面所见的星体旋转运动为基准、指示星体绝对位置的坐标系叫作"赤道坐标系"。与表示地球上特定地点位置所使用的"经度""纬度"类似，赤道坐标系使用"赤经""赤纬"来表示星体的位置。在赤道坐标系中，地球赤道面无限延伸直至与天球相交的线叫作"天赤道"，地球的地轴向南北无限延伸直至与天球相交的点分别被称为"北天极""南天极"。

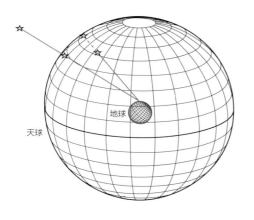

天球

天球并不实际存在，但在天文学上，为了表示星体看上去所处的位置（方位）及其运动，会使用天球这一概念。

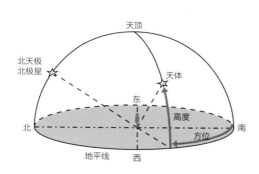

地平坐标系

地平坐标系能够指示方位和高度。方位以正南为起点、按顺时针方向计量，一周为360度；高度则以0—±90度的数字（天顶方向为＋、天底方向为−）进行计量。

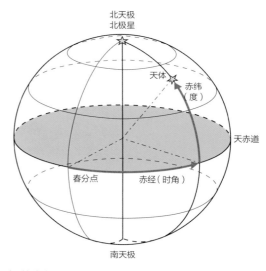

赤道坐标系

"赤道坐标系"以"赤经"及"赤纬"指示。赤经以春分点为起点，按逆时针方向计量，以"时分秒"为单位；赤纬以赤道面为起点、北（+）和南（−）均以"度分秒"为单位。

将 天 球 分 为 88 个 部 分 的 " 星 座 "

夜空的边界线

星 + 星座线 + 星座图 = 星座?

用线条将星与星连接起来并看作某种有意义的事物，这种组合被称为星座，总共有八十八个。星星、连接星星的星座线、描绘出星座形象的星座图这三者是一体的，也就是人们通常所说的"星座"。

然而，在当代的天文学研究中对星座的定义仅包含星座名和边界线。对于星座内各恒星之间如何连线、星座图该如何绘制等问题是没有做任何规定的。

星座就像是国家的领土

换言之，就像地球上的陆地与海洋被分为各个国家的领土与领海一般，把八十八星座看成是天球上的领土可能会更便于大家理解。

通过赤经与赤纬，我们可以准确地标记出天体的位置，但我们不一定总要通过精确的数字来寻找它们。在表示天体的大致位置时，使用"疏散星团昴星团位于金牛座"，或是"反射星云 M42 位于猎户座"这种说法会简便得多。

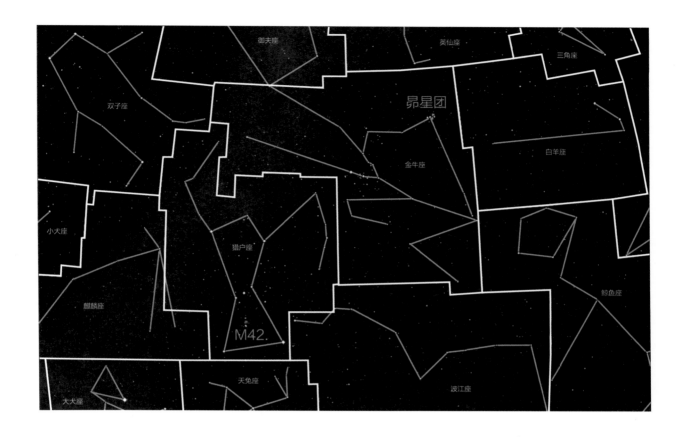

星图与星座边界线

昂星团（七姊妹星团）的位置为赤经
03h47.5m、赤纬 +42° 07′，不过用"它位于金
牛座"来描述会更为简洁。

人 工 照 明 · 透 明 度 · 宁 静 度❶

观察星空的最佳条件

人工照明与月光

受到城市照明、汽车灯光等人造光的影响，我们在城市地区肉眼可见的仅有 1 等星或是 2 等星这种亮星。到了远离城市的郊区或山区，相对较暗的星和银河就清晰可见了。而在使用双筒望远镜或望远镜时，也要注意避开有人造光的场所。月亮相对明亮的夜晚也会难以观测到星星。

透明度与宁静度

大气中的水蒸气或尘埃含量较高时（透明度低），星光会发生扩散，导致整个星空看起来会较为朦胧，使得原本对比度就较弱的星云会更加难以观测到。

在风力、气流较强时，双筒望远镜及望远镜镜头中的天体会产生抖动，星星会一眨一眨地闪动。这种情况就属于宁静度差的情况，不利于拍摄星空。

❶又称"视宁度"。

城市地区

郊外

山区

人工照明对观测方式的影响（左图）

　　前往远离城市、人造光较少的地点观星自然是上上之选，因为在城市地区人眼适应了人造光便难以看到星星，记得使用遮挡物将照明遮住，就能看到较暗的星体了。

不同透明度下不同的观测方式（下图）

　　空气中水蒸气或尘埃较多时，整个星空看起来会雾蒙蒙的，天体也会变得较为模糊。

好　　　　　　　　不好

不同宁静度下不同的观测方式

　　在有风等空气波动明显的夜晚，天体的影像也会抖动，导致我们无法清楚观测到行星环或者纹路。靠近空调室外机器或换气扇也会受影响。

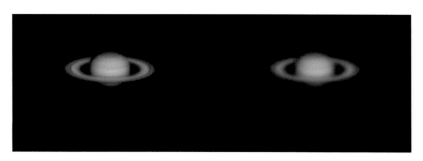

好　　　　　　　　不好

双 筒 望 远 镜 · 活 动 星 图 · 智 能 手 机 · 电 脑

寻找繁星

寻找星星的工具

我们需要准备的第一样工具就是双筒望远镜。也许大家会认为这是仅限白天使用的工具，其实夜晚使用双筒望远镜也能够清晰地观测到星星，在观察星座，寻找星云、星团时能够派上大用场。如果不知道星座或是星星的名字，可以使用活动星图、手电筒、指南针这一套工具。

如果你有智能手机的话，使用具备活动星图功能的应用应该会更加便捷。

数字星图

过去，人们只能通过活动星图来查找天体的位置。然而，随着近四分之一个世纪以来电脑技术及电脑软件的不断发展，我们已经可以通过电脑来模拟星空了。而到了最近几年，在智能手机、平板电脑（iPad）等移动终端上，我们也能够使用应用 APP 来查找天体。由于移动终端内置指南针、GPS、时钟、方向识别传感器等功能，因此我们无需手动设定日期、时间、方向，查找起来十分便利。

必要的工具

　　倍率为 7—10 倍的双筒望远镜最适宜观星，同时建议选择口径在 4 厘米以上的望远镜。口径越大看得越清楚，同时口径越大的望远镜也越重，手臂会很疲劳，因此建议尽量选择自己能够承受的重量。如果周遭太黑的话需要准备手电筒照明，但环境过于明亮又会导致双眼因适应了较高的亮度而无法看到星星，所以需要使用红色玻璃纸来减弱手电筒的亮度。

活动星图的使用方法

①对准日期与时间的刻度。

②通过指南针确认方向。

③将活动星图对准正确的方向，并与这一时刻的星空进行对照。

iPad 与 Android（安卓）系统

iPad 上的应用最为明显的优势便是能够在较大的屏幕上显示出极为精细的星图与星座图。Android 系统用的产品也已上市。

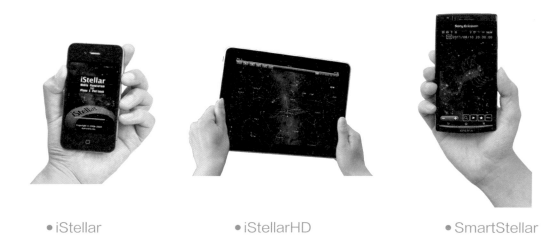

- iStellar
- iStellarHD
- SmartStellar

在智能手机上观星

具备活动星图功能的智能手机应用已经上市了。在"iStellar"上，只要把镜头对准星空，手机上就会同步出现当前星空的图像，并且能够为我们提供星星的名字、位置。

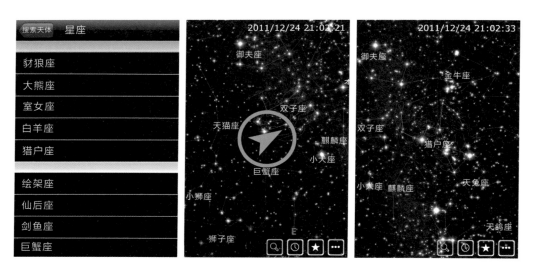

电脑用的星空模拟软件

　　Windows 平台上已经上市了具备超强性能的星空模拟软件。这一软件名为 Stella Navigator，只要在软件中制定从现在起开始的任意日期、时间、世界各地的任意地点，软件便会为我们模拟出各大天体或天文现象。我们甚至还能通过这个软件体验望远镜的自动控制或者观看天象仪节目。

● Stella Navigator（日文版）

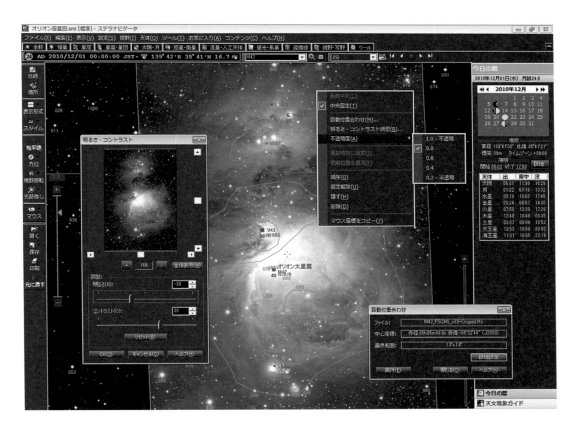

捕捉繁星

使用双筒望远镜

双筒望远镜十分轻便，寻找繁星的速度也很快，是一种非常便利的工具。

双筒望远镜不仅能让星星看起来更大，而且还能让我们清晰、明亮地看到肉眼无法辨别的星体。这是因为双筒望远镜的透镜比人眼要大得多，能够聚集更多的光线。

一台双筒望远镜不仅能在观星的时候用到，在观看戏剧、音乐会或是观察野生鸟类时都能派上大用场。

使用天文望远镜

想要让昏暗的天体看起来更加明亮，让微小的细节看起来更加明晰，那么使用天文望远镜再合适不过了。天文望远镜这个名字也许会让你以为它很复杂，但实际上手接触你就会发现，它的结构很简洁，使用方法也出乎意料的简单。

口径越大、能够聚集越多光线的天文望远镜，性能也就越好。例如，位于夏威夷的国立天文台的昴星团望远镜，口径就达到了 8.2 米。

个人很难拥有如此庞大的望远镜，但市面上也有口径超过 30 厘米的、针对天文爱好者设计的天文望远镜。

口径在 7—8 厘米的折射式望远镜最适合成为你的第一架天文望远镜。观察野鸟用的野外望远镜也可以用来观星。

[7 倍]　　　　　　　　　[10 倍]　　　　　　　　　[10 倍]

观察月亮

使用 7 倍的双筒望远镜观察月亮时，月亮看起来会有这么大。月海清晰可见。

观察 M42 反射星云

这是使用 10 倍的双筒望远镜观察猎户座的 M42 反射星云的概念图。猎户长剑的正中央能够看出呈星云状。

观察 M13 球状星团

使用 10 倍的双筒望远镜观察球状星团，能够看到无数繁星聚集而成的这个天体看起来像是一颗向外扩散的恒星。

● Vixen ❶ Foresta ZR8 × 42WP

推荐的双筒望远镜

观察天体时最好使用口径在 4 厘米以上的望远镜，倍率最好在 7—10 倍之间。还可以使用转接头把望远镜架在三脚架上。这样在观星时不会受到手臂抖动的影响，长时间观星也不会手酸。

❶日本最大的望远镜生产公司品牌，中文一般译为"威信"。

• Vixen Porta Ⅱ A80Mf

推荐的望远镜

　　一开始建议大家购买口径在 7—8 厘米的折射式望远镜。带有稳固经纬仪三脚架的望远镜也是不错的选择。倍率可以通过更换目镜来改变，配有约 50 倍、约 150 倍这两种目镜的话会十分方便。

观察月亮

　　口径 10 厘米、50 倍的目镜能够让我们清楚看到月海的形状和巨大的环形山。口径 15 厘米、150 倍的目镜能让我们看到小型的环形山。

观察 M42 弥漫星云

　　口径 10 厘米、50 倍的目镜能让我们看出飞鸟翱翔的模样。口径 15 厘米、150 倍的目镜能让我们看到星云之中的猎户座四边形这四颗星星。

观察 M13 球状星团

　　口径 10 厘米、50 倍的目镜能让我们看到星团呈模糊的圆盘状。口径 15 厘米、150 倍的目镜能让我们看到星团边缘的小型星体，能够看出这是一个恒星的集合。

［口径 10 厘米 50 倍］　　　［口径 15 厘米 150 倍］

裁剪星空

拍摄星星非常简单

拍摄星星难于上青天的时代已经过去了。通过数码相机，我们能够立即检查拍摄到的天体。大家可以抛下心理负担，轻松愉快地尝试拍摄。

可进行手动操作的相机

拍摄天体时，需要使用可进行手动操作的相机。

这里提到的"手动操作"包含两个方面，其一是需要相机具备能够自由设定"快门速度"和"光圈"数值并控制亮度的功能。可换镜头数码单反相机或无反光镜单反相机都有这种模式，称为 M 模式。卡片数码相机也有许多型号具有 M 模式。其二是，相机是否能够 MF（手动对焦）。月亮这样的大而明亮的天体是能够通过 AF（自动对焦）拍摄到的，但拍摄其他星体时，需要使用手动对焦。

拍摄步骤

1. 按照如下次序设定好相机。

将摄影模式设为 M 模式，将对焦设为 MF，设置自拍定时器模式。

2. 将相机架在三脚架上，对准星空。

使用拍摄全家福用的普通三脚架即可。

3．将相机对准星体，定好焦距。

根据拍摄对象的不同，焦距需要进行相应调整。例如在拍摄夏季大三角时，焦距应调至约 24 mm（35 mm相机的换算值）。

4．调好焦距。

将背面显示屏设为扩大模式，将焦点对准亮星。当星星看起来小而清晰时，焦距就调整好了。

5．亮度设定。

适宜的亮度会随着周遭条件的不同而产生变化，首先我们要把 ISO 感光度设定为1600，光圈调到开放状态（F 值最小的状态），快门速度定位 30 秒，最后在打开自拍定时器时按下快门。使用自拍定时器是为了防止按下快门时相机产生抖动。

6．调整亮度。

在显示器上调出拍摄好的照片，如果照片过亮，那么我们需要调低 ISO 感光度或缩短快门速度。照片过暗时，则需要上调 ISO 感光度或延长快门速度。

经过反复多次尝试，我们就能够找到最为合适的亮度，拍出中意的照片。

摄影的基础套装

● 数码相机 + 三脚架

　　想要拍摄星空，数码相机和三脚架是必需的。单反相机、无反光镜单反相机或卡片数码相机的任意一种都可以，但相机的摄影模式需要有 M 模式，且能够手工对焦。

　　奥林巴斯 PEN E-PL3+ M.ZUIKO DIGITAL 14-42 ㎜ F3.5-5.6 IIR

● 遥控器

　　使用自拍定时器可以有效避免按动快门时相机产生抖动，而如果使用遥控器则无须等待即可直接驱动快门，进行 B 门拍摄。

　　奥林巴斯 RM-UC1

模式设为 M

　　M 模式是能够手动调整快门速度和光圈的模式。卡片数码相机也有部分机种具有 M 模式。

MF（手动对焦）

　　MF 意为手动调整焦距。可以通过相机本体或是镜头在 MF 和 AF 模式之间切换。

自拍定时器

　　按下快门键后经过数秒快门才会闭合，能够防止相机抖动。

对焦▶

　　在相机背面显示器上使用"放大模式"，能够放大星体，手动对焦。当模糊的星星变得小而清晰时，证明焦距已经调整好。

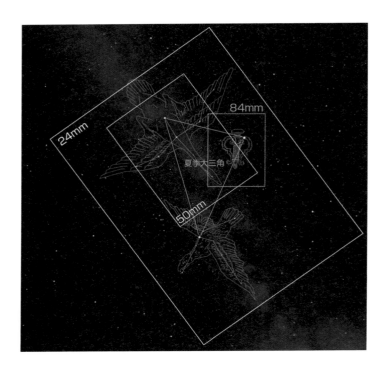

如何剪切繁星▲

　　使用变焦镜头可以调整所拍摄星空的范围。上图为使用常见标准变焦镜头从视角最大的状态调至焦距最远的状态时，拍摄到的夏季大三角的示意图。数值为 35 mm 相机所换算出的焦距。

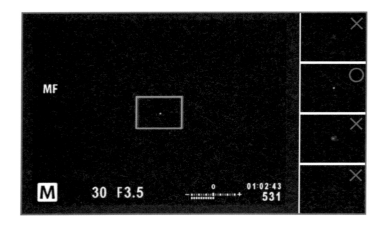

短时间曝光与长时间曝光

　　因为天体处于运动状态中，在长时间曝光下，原本是一个亮点的星星会变成一条线。左图的快门速度为 30 秒，右图为 30 分钟。快门时间过长，照片也会变得过于明亮，为了控制亮度，需要调低 ISO 感光度或是缩小光圈。

　　摄影／［日］饭岛裕

● Vixen 天文经纬仪

　　通过延长快门速度来拍摄星星，会使得照片中的星体由点变为线，为了避免这种情况，我们可以使用天文经纬仪。将天文经纬仪安装在相机上，相机便能够追逐天体的运动，即便进行长时间曝光，星体的最终成像依旧是点状。

星空剧场

群星并非只有在夜间可以欣赏，其实我们任何时候都能
够尽情感受满天繁星。
一起去天象仪看看吧！还有可以在家中简单使用的家
用天象仪。

恋上天象仪

天象仪馆是一个能够让我们随时感受满天繁星的场所。过去大家对它的印象大多停留在课外学习时会去的地方，但如今的天象仪馆已经有了更具临场感的宇宙影像，还会播放音乐进行疗愈治疗，或是为儿童提供的主题各异的节目。当然，我们也可以选择传统风格，请解说员为我们进行星空解说。在前往天象仪馆之前，事先查询当天举办的活动，会让你的行程更加丰富有趣。靠在躺椅上，仰望漫天繁星，你的身心一定能够得到治愈。

世界上第一台天象仪是 1923 年由德国的卡尔·蔡司公司发明的。日本的大阪市立电气科学馆（如今的大阪市立科学馆）于 1937 年首次使用天象仪。日本是拥有大量天象仪的天象仪发达国家。如今人们还在利用天象仪开展许多新的尝试，观星的乐趣将会以越来越多样化的形式呈现。

最近你有去看星星吗？如果你想要欣赏繁星，那不如去附近的天象仪馆看一看。

天象仪（光学式、数字式）

　　天象仪分为光学式和数字式两种。光学式天象仪通过恒星球发光，灯光透过星板上的孔洞在球型天幕上成像。通过机械运动模拟周日视运动、纬度、岁差运动等现象来展现璀璨星空。数字式天象仪则是通过投影仪在整个球幕上投影极具张力的星空 CG（计算机动画）或是视听节目。

天象仪节目

　　近年来，兼具光学式天象仪和数字式天象仪优势的混合式天象仪越来越多了。也有很多天象仪馆会将 CG 影像制作成节目，并与当天的星座解说合并成套进行展示。

家用天象仪

接下来将为大家介绍能够在家中欣赏星空的小型天象仪。

目前有数家厂商研发了小型天象仪，普及度最高的还要数日本世嘉玩具出品的 HOMESTAR 系列。

HOMESTAR 系列能在客厅、卧室的天花板、墙壁上投影出真实的星空。系列有价格超过 5 万日元的专业产品，也有仅售数千日元的入门产品，可供消费者根据自身需要及预算进行选择。

最高级的产品"HOMESTAR-EXTRA"能够投影约 12 万颗星星，还可通过附带的遥控器设定日期。同时，还可调整星空亮度及周日视运动的速度。

此外，还有可以同时欣赏星空及香薰的"HOMESTAR Aroma"，带有极光功能的"HOMESTAR Aurora"等特别产品。凭借剪刀、胶水即可组装的"Etoile Plus"则是天象仪的手工制作套装（日本 technosystems 公司制造）。

HOMESTAR Aurora

（日本世嘉玩具制造）

8190 日元（含税）

　　能够模拟璀璨星空的 HOMESTAR 中具有展现极光功能的版本。

HOMESTAR Aroma

（日本世嘉玩具制造）

3990 日元（含税）

　　装上电池后，喜爱的香气就会萦绕在你身旁，约 1 万颗星星也将同时呈现在你面前。不仅在房间内，在浴室内也可以使用。

Etoile Plus

（日本 technosystems 制造）

　　凭借剪刀、胶水即可组装的手工制作套装。能够精确重现天体位置的投影式天象仪。

星空的科学

牛顿力学并没有解开宇宙中的所有谜团。天文学逐步发
展为宇宙物理学，又进化至如今的宇宙学。人类的智慧
最终会引领我们走向何方？外星人真的存在吗？

宇宙的大尺度结构

　　直至 20 世纪初，人们都坚信我们所属的星系（银河系）就是整个宇宙。但实际上，宇宙中与银河系相当的大型天体集合——"星系"是无穷无尽的。而研究已经证明，这些星系又会形成更加庞大的集团。

银河系的发现与爱德温·哈勃的功绩

　　威廉·赫歇尔推测出我们身处银河系这一巨大的天体集合，是 18 世纪末的事情。而直到 20 世纪初，绝大多数天文学家仍旧坚信"银河系就是整个宇宙"。与此同时，人们已经认识到夜空中存在着以仙女座的 M31 为首的"呈螺旋状的星云"，一部分天文学家意识到，这些天体并非星云（气体的集合），而是与我们的银河系相同的庞大的天体集合体。1924 年，美国天文学家爱德温·哈勃根据当时最为先进的大型望远镜的观测结果，发表结论称 M31 是一个巨大的天体集合（星系），与其他天体相比，M31 位于距离我们更为遥远的地方。爱德温·哈勃的发现使得天文学家之间的争论终于尘埃落定。

星系、星系群、星系团、宇宙的大尺度结构

　　星系的平均直径为数万光年，由数亿颗到数万亿颗恒星以及气体、尘埃构成。一般而言，在星系中心会存在着质量为太阳数百万倍的超巨大黑洞，并会强烈地影响着整个

星系的状态。星系内部的恒星虽然均为各自独立的天体，但从整体上来看，它们又类似于星系的组成零件或是细胞。

　　绝大多数星系同时还是更为庞大的"星系群"或"星系团"的一部分。望远镜直接观测到的星系团，诚如其名，就是由数十个、数百个星系构成的系统。然而，星系团内部的质量远比它看上去要大得多，其中大部分是绝对无法通过可视光、电波、X 射线等电磁波观测到的"暗物质"。暗物质本身我们是无法观测到的，但是它和可见物体一样具有质量，光线在经过暗物质附近时会产生扭曲。为此，如果在星系团内部还存在其他天体的话，我们看这些天体感觉会像是隔着一个玻璃球一般，看到的是扭曲的形状。星系团内部存在着将星系包裹起来的、类似玻璃球一样的物质。

　　如果把观测星系团的比例尺进一步放大，我们一眼就能看出宇宙中哪里存在着星系，哪里则不存在星系。星系的分布看上去就像是无数泡沫一样聚在一起，这种形态被称为"宇宙的大尺度结构"。暗物质也是沿着大尺度结构分布的。

爱德温 · 哈勃

　　为爱德温 · 哈勃的成就提供支持的是能够将遥远星系中的星星一颗一颗看得分明的大型望远镜。照片为爱德温 · 哈勃于 1949 年操作刚刚建成的望远镜。

　　提供／The Huntington Library, San Marino, California

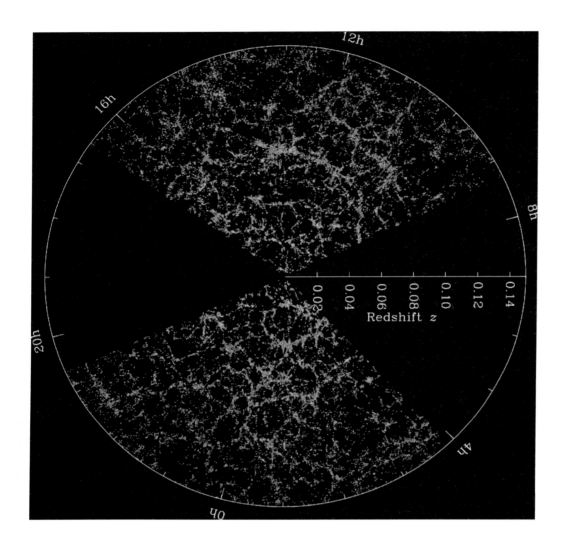

宇宙的大尺度结构

　　上图为对星系的立体分布进行观测的斯隆数字巡天计划的成果。以银河系为中心进行观测，观测结果以扇形呈现。橙色较浓的部分表示星系密度较大。在扇形范围内，哪里分布着星系、哪里没有星系可谓一目了然。

　　提供／Sloan Digital Sky Survey

不断膨胀的宇宙

根据爱因斯坦的广义相对论和爱德温·哈勃的观测，宇宙正在膨胀已经是无可否认的事实。大爆炸宇宙论也是由此产生的，人们目前正在逐步揭开宇宙起源的真相。

广义相对论与大爆炸宇宙论

1915 年，爱因斯坦发表了一个全新的物理法则"广义相对论"。牛顿力学在速度接近光速或重力极强的环境下是无法成立的，因此广义相对论对于解释宇宙运动而言是必需的。然而，如果将广义相对论直接套用在整个宇宙身上，我们又会得出宇宙时而在膨胀、时而在收缩的奇怪结论。也因此，爱因斯坦自己也没能接受宇宙的膨胀与收缩的理论。直到 1929 年，爱德温·哈勃找到了宇宙正在膨胀的证据，"离我们越远的星系便越以极快的速度在离我们远去"。

那么，如果宇宙正在膨胀的话，就证明在太古时代整个宇宙曾经集于一点，之后宇宙从这一点爆炸，最后膨胀成如今的形态。

这一理论是由乔治·伽莫夫等人提出的，但弗雷德·霍伊尔并不接受这种观点。霍伊尔认为宇宙的每一个角落都有新物质在产生，使得宇宙看起来仿佛在膨胀。然而讽刺的是，霍伊尔嘲讽伽莫夫的理论是"宇宙诞生于大爆炸（Big Bang）之中"，这最终成了"大爆炸宇宙论"之名的由来。1964 年，人们观测到了宇宙背景辐射（宇宙极热且充满光线的时代的遗留物），大爆炸宇宙论也由此占据了统治地位。

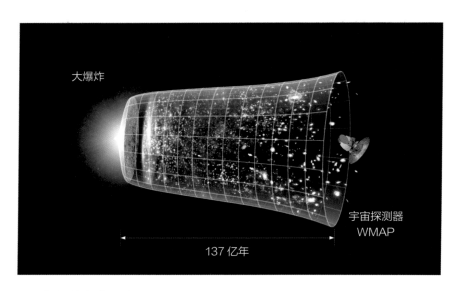

137 亿年的宇宙历史

宇宙探测器 WMAP [1]发现，随着宇宙的急速膨胀，在 137 亿年前发生了大爆炸。宇宙的急速膨胀如今已经减缓，但缓慢的膨胀仍在持续，而且研究已经发现宇宙的膨胀正在一点一点地加速。

提供／ NASA/WMAP Science Team

[1]全称为 "Wilkinson Microwave Anisotropy Probe"，即 "威尔金森微波各向异性探测器"。WMAP 的目标是找出宇宙微波背景辐射的温度之间的微小差异，以帮助测试有关宇宙产生的各种理论。

发现宇宙膨胀的原理

星系与星系之间的宇宙空间同时膨胀的话，以某一星系为中心进行观测，就会发现距离越遥远的星系会以越快的速度远离自己。

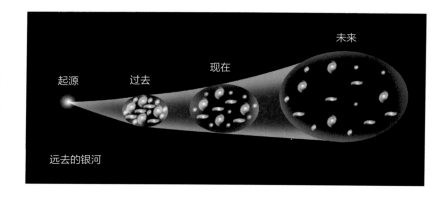

宇宙会继续膨胀吗

　　大爆炸宇宙论成为定论后，又带来了两个问题。其一是"宇宙会继续膨胀吗？还是会在膨胀后开始收缩？"人们过去认为这要取决于重力相对于膨胀起到了多大的遏制作用。但一份1998年公布的观测结果却显示宇宙的膨胀不仅没有减慢，反而正在加速。第二个问题则是"大爆炸究竟是在什么时候发生的？"一直以来，科学家们对此议论纷纷、各执己见。根据宇宙探测器WMAP2003年对宇宙背景辐射的精确观测，大爆炸大约是在137亿年前发生的。宇宙中没有任何物体的运动速度比光更快，而距离我们最为遥远的、137亿光年之外的星系正以接近光速的速度远离我们，因此，我们所能观测到的最遥远的距离便是137亿光年。但目前普遍认为宇宙的膨胀已经超出了这一范围。

面向最遥远的星系

　　光经过了多久的旅途，就证明它来自多么古老的天体。如今，天文学家们正在努力寻找宇宙诞生后10亿年之内诞生的古老天体。照片为哈勃空间望远镜捕捉到的古老星系的合影，其中也包含宇宙诞生后8亿年产生的星系。

　　提供／NASA, ESA, S. Beckwith(STScI) and the HUDF Team

真的存在外星人吗

宇宙中存在的生命只有我们吗？如今，在太阳系之外的宇宙空间中发现"第二地球"的可能性越来越大。在不远的将来，这一问题很可能实现极大的进展。

火星人骚动与近代以来的外星人理论

对地外生命体存在的想象绝非新鲜事物。例如在哥白尼的日心说刚刚开始广泛传播的 16 世纪末，活跃于意大利的哲学家乔尔丹诺·布鲁诺便主张"宇宙中存在无数与太阳系相似的天体，上面都有人类居住"。这一主张的思想根源在于"拥有无穷能力的神必然创造了无穷的宇宙"。但因其主张与当时的基督教宇宙观有着本质的不同，乔尔丹诺·布鲁诺被宗教裁判所判处火刑，最终被烧死。到了 17 世纪，望远镜发明后，人们发现其他行星也有着与地球相似的卫星与地形，便自然而然地产生了"那些星星上也有人类居住"的想法。在 19 世纪中期以前，我们尚且无法测量地外天体的温度，因此大多数人认为它们的气温与地球相当。因发现天王星闻名的威廉·赫歇尔甚至认为太阳上也有人类居住。

之后，人类开始有能力去研究地外天体的性质，我们发现太阳极为炎热，外行星一片天寒地冻，大家讨论外星人的热度也逐渐减退。唯一的例外便是关于火星的讨论。到了 19 世纪，因为人们误以为"火星上有运河般的纹路"，有许多人都深信火星上有火星人存在。现如今，我们已经有能力向火星发射无人探测器，火星人存在的可能性已经被彻底否定。但在遥远的过去，火星上曾经存在过生命，如今仍有微生物在地下悄悄活动的可能性虽然微小，但仍然存在。除火星以外，也有人认为因为木卫二和土卫二等天体存在液态水，很可能也有生命。

发现系外行星与 SETI 计划（搜寻地处文明计划）

到了近些年，人们对太阳系以外空间也愈加关心。1995 年，人们首次发现了位于太阳系外的、绕恒星运动的行星（系外行星）。截至 2019 年，已发现的系外行星数量已经超过 4000 颗。它们中的大多数都是体积远大于地球、易于发现的行星，但最近人们也发现了一些与地球体积相近的系外行星。我们找到与地球大小相当、气候一样温暖的行星也不过是时间问题。而在这样的行星上，是很有可能存在生命的。

话虽如此，假设宇宙中真的存在文明高度发达的外星人，他们想要搭乘宇宙飞船前来地球的难度也非常大，而由我们主动去拜访他们也并不现实。但通过无线电波，我们或许可以同他们对话。从宇宙中接收传播至地球的电波中寻找外星人讯号的"SETI 计划"目前也在逐步推进中。

夏帕雷利的火星素描

意大利人夏帕雷利于 19 世纪末对火星进行了观测，因其使用的望远镜性能较差，且对火星有先入为主的想象，他误以为火星上存在线条般的构造，并将其命名为"canale（水渠）"。这个词被误译为英语的"canal（运河）"一词，事情也因此一发不可收拾。

开普勒 22 行星系统

行星系统
太阳系

宜居带

水星　金星　地球　火星

开普勒 22b　　　　　　　　　　　行星与轨道的大小

宜居带

可能存在外星人的行星需要具备两个条件：1. 质量与地球相当，体积小且具有坚固的地表；2. 与恒星保持适宜的距离、存在液态水，也即位于"宜居带"上。开普勒 22b 便是一颗位于宜居带上的类地行星。

提供／ NASA/Ames/JPL-Caltech

图书在版编目（ＣＩＰ）数据

灿烂星空 / （日）永田美绘，（日）广濑匠解说；刘子
璨译. -- 北京：北京时代华文书局，2020.10
ISBN 978-7-5699-3930-9

Ⅰ. ①灿… Ⅱ. ①永… ②广… ③刘… Ⅲ. ①天文学
—普及读物 Ⅳ. ①P1-49

中国版本图书馆CIP数据核字 (2020) 第205148号
北京市版权局著作权合同登记号　图字：01-2019-3261

Tokimeku Hoshizora Zukan
by
Mie Nagata & Shou Hirose
Copyright © 2012 Yama-Kei Publishers Co., Ltd.
Original Japanese edition published by Yama-kei Publishers Co.,Ltd.
Simplified Chinese translation rights arranged with Yama-kei Publishers Co.,Ltd.
Through Hanhe International(HK) Co., Ltd.China
Simplified Chinese translation rights © 2019 Beijing Time-Chinese Publishing House Co. Ltd.

灿　烂　星　空
CANLAN XINGKONG

解　　说｜[日] 永田美绘　　[日] 广濑匠
译　　者｜刘子璨

出 版 人｜陈　涛
选题策划｜邢　楠
责任编辑｜邢　楠
责任校对｜周连杰
装帧设计｜孙丽莉
责任印制｜訾　敬

出版发行｜北京时代华文书局 http://www.bjsdsj.com.cn
　　　　　北京市东城区安定门外大街138号皇城国际大厦A座8楼
　　　　　邮编：100011　电话：010-64267955　64267677
印　　刷｜北京盛通印刷股份有限公司　　电话：010-52249888
　　　　　（如发现印装质量问题，请与印刷厂联系调换）
开　　本｜889mm×1194mm　1/16　　印　张｜15　字　数｜130千字
版　　次｜2021年2月第1版　　　　　印　次｜2021年2月第1次印刷
书　　号｜ISBN 978-7-5699-3930-9
定　　价｜118.00元